地下城数学王国历险记

下下城里的秘密

纸上魔方 著

吉林出版集团股份有限公司丨全国百佳图书出版单位

图书在版编目（CIP）数据

下下城里的秘密 / 纸上魔方著. — 长春 : 吉林出版集团股份有限公司，2015.8（2022.9重印）
（地下城数学王国历险记）
ISBN 978-7-5534-4012-5

Ⅰ.①小… Ⅱ.①纸… Ⅲ.①数学－少儿读物 Ⅳ.①O1-49

中国版本图书馆CIP数据核字(2014)第035736号

地下城数学王国历险记

下下城里的秘密 XIAXIACHENG LI DE MIMI

著　　者：	纸上魔方
出版策划：	齐　郁
项目统筹：	郝秋月
责任编辑：	王　妍
责任校对：	颜　明
出　　版：	吉林出版集团股份有限公司（www. jlpg. cn）
	（长春市福祉大路5788号，邮政编码：130118）
发　　行：	吉林出版集团译文图书经营有限公司
	（http: //shop34896900. taobao. com）
电　　话：	总编办 0431-81629909　营销部 0431-81629880/81629881
印　　刷：	鸿鹄（唐山）印务有限公司
开　　本：	720mm×1000mm　1/16
印　　张：	9
字　　数：	100千字
版　　次：	2015年8月第1版
印　　次：	2022年9月第19次印刷
书　　号：	ISBN 978-7-5534-4012-5
定　　价：	39.80元

印装错误请与承印厂联系　　电话：13901378446

母猫美娜

公猫迪克

猫王波奥

地下城猫王国

公猫伯爵

母猫妮娜

猞猁虫虫

猞猁瑞森

猞猁王莫多

猞猁弗伦

托博

老寿星

布鲁

穿山甲国

媚媚

杰伦克

飞蛾黛拉

鼠小弟洛洛

小青虫苏珊

人面蛾

树上的城堡

大青虫

大盗飞天鼠

海盗桑德拉

海盗军师

海盗卡门

海盗王

海盗们

老海盗王

海盗菲尔

地洞里的动物们

蝲蝲蛄马克

蚰蜒爷爷

蝲蝲蛄大婶

蚯蚓大叔

蜈蚣普里

蚯蚓艾比

目录

CONTENTS

勇建家园

　　居住在河中心的小岛上的果子狸经常遭到狐狸的攻击，海娜与碧娜写了一封求助信。收到信的穿山甲托博，组织了一支浩浩荡荡的穿山甲大军把狐狸赶跑了。

　　"我得想个办法帮助表妹们。"托博动起脑筋。

　　"为它们盖一座河堤城堡。"足智多谋的杰伦克说。

　　"你的主意棒极啦！"托博把这个任务交给了水牛建筑队。

　　水牛建筑队最擅长在河堤上建筑房屋，它们设计好图纸，开始动工。这时候狐狸又出来捣乱，它们扰乱水牛的工

作，让它们无法安心干活儿，最终不得不遗憾地离开。

"我们斗不过狐狸。"海娜愁眉苦脸地说，"它们经常神出鬼没。"

一阵风吹得穿山甲媚媚直发抖："趁冬天到来之前，赶快建好城堡。这样，狐狸就不敢动歪脑筋了。"

托博展开水牛留下的图纸，上面清清楚楚地写着城堡的结构以及建筑原料，但关于怎样运输盖城堡的黄沙，却只字不提。只说河边已经准备好了盖城堡需要的200吨黄沙，可以用3辆自卸车和4辆装载车运过来。

托博看得头都大了，急忙写信问水牛。

水牛在回信里神秘地说，自己不能透露盖城堡的秘密，只告诉托博，2辆装载车运输的黄沙和1辆自卸车所能运输的黄沙重量一样。

河边共有200吨黄沙……

但是，水牛建筑队早就把所有的运输车都开走了呀！

"没有那些运输车，我们还是弄不清要怎么安排黄沙的运输，城堡也无法盖起来。"托博很着急，"我们必须弄清装载车和自卸车分别能运输多少吨黄沙。如果迟迟搞不清楚，就会耽误工程的进度了。"

海娜和碧娜急得团团转。狐狸总来捣乱，已经够烦人的了，现在想要盖新城堡，居然也这么麻烦。它们的思绪很乱，谁也没注意到穿山甲虫虫和果子狸小糊涂已经悄悄地离开了屋子。

"突突突——"很大的发动机声响打破了沉默，托博它们出门一看，原来是虫虫和小糊涂已经开着一辆装载车过来了，车上是满满的黄沙。

"你们真是好样的。"闻讯赶来的托博说，"但即使是这样，也解决不了问题。因为我们还是不知道接下来如何运输黄沙。"

小糊涂信心十足地拍了拍方向盘："这个问题很好解决啊！不过，我帮你们解决难题，你们要请我吃大餐！"

海娜马上答应了这个小调皮的要求。

"好啦，我再去运一趟黄沙，回来就告诉你们答案。"说着，小糊涂驾驶着装载车离开了。

等它再次回来，海娜和碧娜两位姐姐真的给它准备了一桌丰盛的美食。小糊涂开心地大吃起来，边吃边指着门外的两堆黄沙说："水牛建筑师不是说过了吗？2辆装载车运输的运输量，等于1辆自卸车的运输量。现在，2辆装载车运输的黄沙是多少，不是已经在门前了吗？"

在场的所有穿山甲和果子狸都恍然大悟，连连点头。

"对呀，但是还有一个问题，"托博说，"盖城堡一共需要200吨黄沙，我们要运多少次才能全部运完？要赶紧安排人手啊。"

"还是我来回答你吧。"穿山甲虫虫说。

由于1辆自卸车运输的黄沙=2辆装载车的运输量

所以3辆自卸车运输的黄沙=6辆装载车的运输量

所以 3辆自卸车+4辆装载车

=6辆装载车+4辆装载车

=10辆装载车

"水牛建筑师不是说那200吨黄沙可以用3辆自卸车和4辆装载车一起运来的吗？这也就相当于是用10辆装载车运来的了。"

200吨÷10辆＝20吨/辆

那么也就是说每辆装载车正好运20吨黄沙，10辆装载车一次就可以全部运完，问题迎刃而解。托博正在想要到哪里去找10个会开装载车的伙伴来帮忙运黄沙，远处突然浩浩荡荡地开过来一支装载车的车队。而这些装载车的司机，都是狐狸家族的成员。

原来，小糊涂去狐狸家族谈判，得知狐狸之所以总来这边捣乱，是因为想要得到河中心的小岛。海娜和碧娜现在正好要搬家，就把小岛全部让给了狐狸家族。狐狸也不是不通情理的家伙，当即表示要过来为它们建新家出力。

这一下，敌人变成了好朋友，盖城堡的帮手也大大增加。于是，还没到冬天，果子狸家族的城堡就建好了。它们不仅不用再担心坚固的城堡会被水冲走，还经常邀请狐狸来家里做客。

烛光晚餐

蚯蚓大叔哭哭啼啼地走回家。

蚯蚓艾比看到爸爸的眼睛又红又肿，担心地问："爸爸，你怎么了？"

"没事，被风吹了眼睛。"蚯蚓大叔撒了个谎。

其实今天蚯蚓大叔在工作时，因为年老眼花，手脚不听使唤，在帮助臭鼬姬恩太太家的花园修剪草坪时，不小心破坏了它与臭鼬格潘先生的烛光晚餐，被它们咒骂着赶了出来。

蚯蚓大叔想起姬恩太太的话，又哭起来，只好把实话告诉孩子。

"姬恩太太与格潘先生，点了8根蜡烛进行烛光晚餐。我推门进屋去取剪刀。"蚯蚓大叔说，"一阵风从门外吹进来，结果有3根蜡烛被吹灭了。它们说我打扰了它们的烛光晚餐，要赔偿它们8根蜡烛。"

艾比急得攥起了拳头，别说8根，就是5根蜡烛的钱，它们也拿不出："它们太欺负人。"

它俩想不出好办法，急得抱头痛哭。

"是谁在哭？"门口响起说话声。

原来是蛐蜒爷爷要请蚯蚓大叔帮忙除草。听了蚯蚓大叔的话，它微微一笑："别急，先到我家里去。"

蚯蚓大叔与艾比除好草，问蚰蜒爷爷是否想到好办法。令它们没想到的是，蚰蜒爷爷居然要请它们吃烛光晚餐。

"姬恩太太说了，如果不赔蜡烛，它就要铲平我的房子。"蚯蚓大叔摇头又摆手。

"吃完烛光晚餐，你们就明白了。"蚰蜒爷爷说。

蚰蜒爷爷可是智者，它们安下心来坐在客厅里，眼看着蚰蜒爷爷点好了8根蜡烛。

烛光下，蚰蜒爷爷递给蚯蚓两人每人1块三明治，但还没等吃，蚰蜒爷爷的手一抖，居然碰灭了3根蜡烛。

可它不仅自己不在乎，还要蚯蚓两人别理会。吃完烛光晚餐

时，蜡烛也全熄灭了。

灯亮起来，蛐蜒爷爷的手里攥着3根蜡烛。

"这是哪里来的蜡烛？"艾比好奇地问。

"我碰灭了3根蜡烛，它们熄灭了，当然不会再烧起来。"蛐蜒爷爷说，"也就完好无损地保存下来了。"

"这么说，"蚯蚓大叔眼前一亮，"当我进屋时，风吹灭了3根蜡烛，它们根本没被烧没，我就只需要赔5根蜡烛了？"

"我陪你们去。"蛐蜒爷爷和它们一起到了臭鼬家。

"风吹灭了3根蜡烛，"蛐蜒爷爷对姬恩太太说，"我们并不需要赔偿8根蜡烛。"

姬恩太太气得直跳："好吧，那赔5根。"

"5根全烧光了。"蛐蜒爷爷说，"并没有被风吹灭，你们享受了这5根蜡烛带来的烛光晚餐呀。"

臭鼬先生与姬恩太太哑口无言，只得放过蚯蚓大叔。蚯蚓大叔和艾比不再唉声叹气，因为蛐蜒爷爷正缺人手，要蚯蚓大叔去做它的园丁。

赖账的海盗

"你听！"布兰奇与蒂丝走到鼹鼠奶奶的面包店前，停住脚步。

面包店里传出海盗军师的咆哮声。

布兰奇与蒂丝虽然害怕海盗，但更担心鼹鼠奶奶的安危。

它们闯进面包店，撞见4个可怕的豚鼠海盗。

海盗桑德拉与卡门对鼹鼠奶奶怒目而视，海盗统领与海盗军师则贪婪地盯着一块大蛋糕。

它们的目光全转向布兰奇与蒂丝，气得鼻孔直冒白烟。

"请你们放了鼹鼠奶奶。"布兰奇与蒂丝请求着，虽然不知道发生了什么可怕的事情。

"如果不是鼹鼠奶奶干的好事，我们早就登上海盗船，去争夺猞猁城了。"海盗军师气得直跳，"它本该制作4块蛋糕——2块长方形、2块正方形，正好塞得进每个海盗的饭盒里。它却只做了1块大蛋糕。"

海盗们拍拍腰间的饭盒。

"我糊涂了，"鼹鼠奶奶吓得浑身发抖，"把4块蛋糕的配料，全用在了1块蛋糕上。现在可怎么办！"

海盗统领阴险地笑着，把拳头捏得嘎吱响，"那就只好抢劫面包店了。"

　　"事情还没有那么糟。"形影不离的墨镜鼹鼠与鼹鼠克蒂斯跳进面包店。

　　"居然是这两个臭小子。"海盗军师挥起剑就要刺。

　　布兰奇与蒂丝吓得简直要晕过去。

　　克蒂斯却不抖也不怕："鼹鼠奶奶说过，把4块蛋糕的配料全用在了1块上。现在，只要平分蛋糕，问题就解决了。"

　　"你以为海盗全都又蠢又笨？"桑德拉暗自佩服勇敢的小鼹鼠，却不敢让统领与军师发现，"我们有两个海盗背着正方形饭盒，两个海盗背着长方形的饭盒——这4块蛋糕可是我们悄悄订购的，不能让其他海盗发现，所以，必须装进4个饭盒里带走。"

　　墨镜鼹鼠测量了一下，发现2个长方形饭盒的边长是1厘米和4厘米，而正方形饭盒的边长是2厘米。这可难坏了它，它与鼹鼠奶奶全为夸下海口的克蒂斯担心。

克蒂斯拿着海盗的饭盒在蛋糕上比了比，蛋糕的边长和长方形饭盒的长边长度完全一样。它提着长刀，麻利地把一个正方形蛋糕切成了两半。

"你小心点儿。"海盗卡门惊呼，"我可不吃被弄坏的蛋糕。"

"我也要完整的。"海盗军师不服气地叫。

克蒂斯说："现在要做的是，让拥有长方形饭盒的海盗的蛋糕，与拥有正方形饭盒的海盗的蛋糕一样大。"

4个海盗点点头，都担心接下来会弄错。

克蒂斯挥着刀，在左侧的蛋糕上竖着划了一下，分成了2块长方形的蛋糕，正巧塞进2个长方形饭盒。

"全都一样大。"布兰奇与蒂丝兴奋地叫道。

两个海盗很满意，点了点头。

克蒂斯又用刀在右侧蛋糕上，横着切了一下，分出了两个相等的正方形，分别装进两个正方形的饭盒里。

现在，每个海盗分到的蛋糕一样多。它们特意测量了面积，无论是长方形，还是正方形，全都一样。它们高高兴兴地离开了。

鼹鼠奶奶得救了，它接着4只小鼹鼠，还给它们每人分了一根棒棒糖。

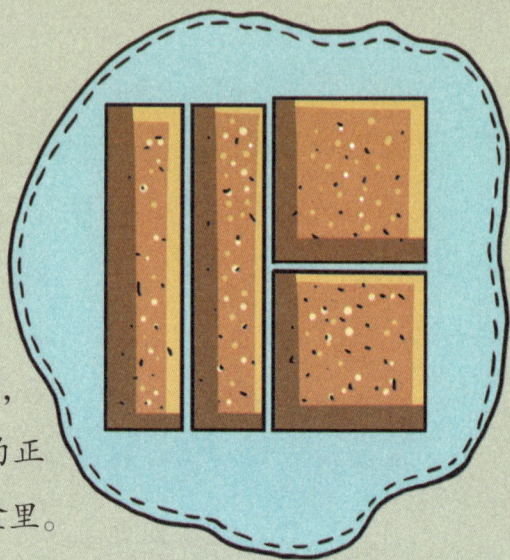

时光转轮与青蛙爷爷

"呱呱。"青蛙丽莎大叫道，"快来看，来了34个老爷爷。"

青蛙蔓达与吉莉刚刚从外面回来，同丽莎一起跑进青蛙的荷叶宫殿。

它们吓坏了，发现荷叶宫殿出现了34个老爷爷，而它们的34个青蛙宝宝全都消失不见了。

"一定是时光转轮搞的鬼。"吉莉艰难地喘了一口气，大哭起

"呱呱"

来，"顺着时光转轮跑，能跑到未来。逆着时光转轮跑，能跑到过去。但这必须踩对转轮上面出现的每一个古老符号。如果踩错了，就有可能突然变成老爷爷，或是小宝宝。"

眼前的34个老爷爷告诉它们，青蛙宝宝们由于贪玩闯了祸，全都变成了老爷爷。

"眼睛后面有绿斑的小青蛙是我的宝宝。"丽莎说，"可现在都老得快要变成黑斑了。"

"嘴巴大的青蛙是我的孩子。"蔓达抹着眼泪，"但现在我该叫它老爷爷。"

"剩下的原本最美丽，全是我的小宝宝。"吉莉哭得更伤心，"现在，我都认不出它们了。"

"别伤心，别难过。"鲶鱼奶奶摇摇摆摆地游过来，带着3只青蛙妈妈与它们的"老爷爷"来到了时光转轮前。

"勇敢的妈妈别气馁，"鲶鱼奶奶甩着尾巴，"虽然没有诀窍，但每只青蛙可以试一

次。如果赢了，其他的就都得救了。"

青蛙丽莎最勇敢，用手拦住姐妹："我先来。"

它跳上时光转轮，这时候，巨大的转轮上出现了4个古老的符号。其中一朵神秘的太阳花符号，闪烁着幽蓝的光辉。4个符号随着时光转轮的转动，也不停旋转。

丽莎吓得直冒汗，现在，它正顺时针跑，如果踏错了，它就跑到未来去了。但看了看姐妹和34个老爷爷，它深吸一口气，跳上去，先是踏到太阳花上，又踩到魔法石。

顺利闯过第一关，第二组古老的符号出现了。

丽莎先是踏到太阳花上，又跳到兔面鱼上。4个古老的符号突

然冒出白光，丽莎一闪就不见了。

"不好，它跑到未来去了。"蔓达与吉莉伤心地哭了。

"我去。"蔓达勇敢地跳上时光转轮。

古老的符号又出现了。这一次是逆时针旋转。蔓达先是跳到幽灵身上，又踩到魔法石。它很快变成了老奶奶。

两个姐妹都失败了，吉莉紧张得直发抖，但却并不害怕。它急于救姐妹，刚要跑上去，就被鲶鱼奶奶拦住。

"想要救它们，必须破解时光转轮的旋转密码。"鲶鱼奶奶说，一脸担忧和兴奋，好像正在为什么事情激动，"这个难题我想了好几年，也许你能救大家。"

吉莉早就观察一会儿了，它盯着时光转轮，

突然有了主意："每一次转轮旋转，太阳花、魔法石、兔面鱼和幽灵的其中一个，都会闪烁幽蓝的光。丽莎与蔓达并没有按照这个顺序踩。所以……让我来试试。"

它跑上时光转轮，先是踏到发光的太阳花，又踏到魔法石与兔面鱼上，最后跳上幽灵的脑袋。

随着闪烁蓝光的每一个符号跳动，吉莉居然成功了。时光隧道里跑出丽莎，老奶奶蔓达又恢复了青春。

令它们吃惊的是，不仅34个"青蛙爷爷"再次变成小青蛙，连鲶鱼奶奶也消失了。一条美丽的大鲶鱼浮水而出，原来它正是误闯入时光转轮的鲶鱼公主妙拉。鲶鱼群迎走公主，赠送给青蛙妈妈们许多美丽的贝壳裙子。它们试了又试，真是爱美的青蛙。

幽灵仆人

　　猞猁们最近的日子不好过，大雪封住了地下城外面的世界，而地下城里的食物少得可怜，它们不得不四处寻找，才能勉强度日。

　　"我得想个好主意，让你们全都不挨饿。"披着斗篷的猞猁王莫多突然抖掉斗篷，两只眼睛里放出光芒。

　　猞猁弗伦凑上前，它知道每当莫多瞪大眼睛时，它们必定是有救了。

　　"在下下城里众多的古井中，有一口不为人知的井。"莫多说，"确切地说，下下城原本就是水的世界，里面各种各样的井数不胜数。其中有一口井，叫幽灵井。"

　　虫虫打了个哆嗦："里面全是幽灵？"

　　"只有一个。"瑞森说，"那个幽灵无所不能。传说，只要谁把它放出来，谁就成了它的主人。它不仅可以变出山珍海味、琼浆玉液，更可以融化被风吹进猞猁国的积雪，使这里温暖如春天，让我们过上幸福的日子。"

　　说行动就行动，猞猁们兵分几路，全都潜进下下城。

　　它们早就跟穿山甲签订了互不侵犯的协约，所以行动得格外谨慎。最先找到幽灵井的是莫多，但由于被一个穿山甲士兵发现，它不得不逃之夭夭。

随后，猞猁与穿山甲打作一团，不断有猞猁被打跑，也不断有猞猁为了幸福生活而闯进来。

在混乱中，猞猁虫虫居然成功地揭开了井盖的封印。

井里冒出一股绿烟，变成一个硕大无比的幽灵。

"我的主人，你要我做什么呢？"头戴宝石帽的幽灵说。

"让所有猞猁平安离开下下城。"虫虫刚说完，来了一阵大风，等到猞猁们再睁开眼睛时，发现自己居然正安安稳稳地坐在猞猁国。

积雪不见了，破败的宫殿重新焕发勃勃生机，餐桌上摆满了美味佳肴。

本该是庆祝胜利的时刻，猞猁们却为此争吵不休。

"虫虫是第5个跑到幽灵井的。"弗伦叫道，"而我与莫多、瑞森、奥纳是前4名。所以，幽灵不该总听虫虫的话。"

"可是，我们4个是谁先跑到的？"瑞森回忆着。

"我不是第2名，也不是最后1名。"弗伦说。

"我获得了第1名。"奥纳说。

"我前面没有其他猞猁。"莫多说。

"我跑得要比奥纳快。"瑞森说。

"可是，你们中间有一个说了谎。"幽灵说，"我虽然被困井底，但上面的每一个脚步声都听得清清楚楚。"

"既然是这样，就让虫虫来分辨。"奥纳认准了虫虫呆头呆脑。

虫虫想了又想："说谎的只有一个，所以，由莫多和瑞森的话，可以推断出是奥纳说谎了。这样就可以知道弗伦是第3名，通过莫多的话可知它是第1名，而瑞森是第2名，奥纳是第4名。"

所有猞猁看向幽灵。

"虫虫不愧是我的主人，它说得一点儿也没错。"幽灵的嘴中吐出一团粉雾，宫殿的壁炉里燃起熊熊大火，猞猁们再也不用担心被冻死了。它们欢快地跳起舞来。

黑龙凯西一直为龙哥犹利的自由而奔走。自从犹利被变成了鼻涕虫，它就一直被困在地下城里最黑暗最狭小的角落里，别说填饱肚子，就连澡都没有洗过。要知道，龙可是最喜欢在水里畅游的。

黑龙凯西四处奔波终于有了结果，它得到一张地图。

别看这张地图简简单单，其中可是大有奥秘。据说，蛤蟆女巫自从将犹利变成鼻涕虫，就去周游世界了，它粗心大意得连门都没有锁。

几年过去，女巫家里的东西被盗得差不多了，许多魔法契约都流入到流浪艺人大嘴蛙的口袋里。凯西通过高价钱从它手里买到一张契约。

"这就是封印你表哥的那一张。"大嘴蛙说，"听我的话，按照上面的线路走，别重复，就能够解除它身上的魔法。"

凯西高高兴兴地带着契约回到家，鼻涕虫一看就犯了难。

它拿着铅笔，在上面描了又描，画了又画，根本找不到不重复就能把地图走一遍的办法。

鼻涕虫一扔笔，大口地吐着痰："一定是大嘴蛙在捉弄你，它最爱糊弄人。想要在这上面找出一条路，除非我死掉变幽灵。"

鼻涕虫哈欠连天，倒头呼呼大睡。

"真是条懒龙。"黑龙凯西没放弃，又拿着契约去找大嘴蛙。

"用心看。"大嘴蛙神秘地眨眨眼。

黑龙凯西盯着契约，可仍然什么也没看出来。

"再看。"大嘴蛙昂起头，眯着眼。

黑龙凯西的眼睛要盯到纸缝里去了。它眨眨眼，突然发现一条威猛的黄龙在纸上游走。

没等黑龙凯西反应过来，大嘴蛙身手敏捷地握住纸，把黄龙游走的虚线位置一折，折出一个三角形，这一区域刚好是一个正方形，于是正方形两条边的路线和中间的路线重合了。

它把纸塞到凯西手里："回去问问你表哥，它比谁都明白。"

黑龙凯西攥紧纸，风驰电掣地赶回家，摇醒了鼻涕虫，把纸掀开一条缝。

鼻涕虫恍然大悟："我想起来啦。"

它跳起来，爬到黑龙凯西的背上。两个家伙来到一条秘密通道前。

鼻涕虫说："这个契约上的机关就在上面这个正方形的地方，当初我就是被女巫骗到这里，才变成鼻涕虫的。嘿！表弟，你还记得我是黄龙时的威风模样吗？"

"不如说是你贪吃惹的祸。"黑龙凯西要鼻涕虫别啰唆，一同闯进通道，它们小心翼翼，不去走正方形的那两条边，这样就完成了契约上的要求，不重复地走过所有的道路。

鼻涕虫竟然在走出迷宫一样的通道时，又恢复了黄龙威风凛凛的模样。

兄弟俩高兴极了，趁着女巫没回来，赶快吃光它的魔法蒲棒，喝干了它的魔法饮料后溜之大吉了。真是馋嘴的龙兄弟。

猫城美食大会

大盗飞天鼠与鼠小弟洛洛最近寝食难安，馋得口水都流出来了。

在古老的猫城，一年一度的美食大会就要开始了。猫城里所有的猫们会贡献出最好的原料，制作出最甜的蛋糕、最香的烤鱼和无数种意想不到的美味。

"你认为它们今年会做些什么？"大盗飞天鼠不停地咽着口水，"一定有柠檬鱼。"

"那是老一套了。"鼠小弟说，"我猜会有辣汁牡蛎。"

鼠兄弟俩猜来猜去，最后脚下的口水都快要变成小河了。

大盗飞天鼠一跺脚，决定深夜潜入猫城，窥探情报。当午夜来临时，它与鼠小弟早已成功得手，偷回一份食谱。

但一直研究到第二天早晨，它们都没弄清楚一共要做多少份食物。

飞天鼠打着瞌睡，一松手睡着了，食谱飘落到地板上。

食 谱

🐟 + 🐟 + 🐟 + 🐟 = 20

🪵 + 🐟 = 18

🧁 + 🧁 + 🧁 + 🧁 + 🧁 = 30

"不是食谱。"鼠小弟洛洛惊呼，"不，是食谱，但并不是给猫吃的，是为前去猫城的客人们准备的。"

飞天鼠一个激灵坐起来，它抓起食谱，翻过来一看，果然，上面有食物总管母猫妮娜的亲笔签名。这些食物确实是它为邀请的嘉宾准备的。

"妮娜会不会邀请我们？"鼠小弟洛洛说。

"别异想天开了。"飞天鼠摇摇头，"去年我们还偷过猫城的珠宝，它不会忘记我们的罪事的。"

"可是，这么多的食物，它们究竟会邀请谁呢？"鼠小弟洛洛咕哝着。

其实，别看说得挺干脆，大盗飞天鼠也很渴望自己会被邀请。

"我们为什么不弄清楚这些食物每一份有多少？"飞天鼠说，"这样，就能知道猫城有没有可能邀请我们了。"

两只老鼠研究着每一份鱼有多少条。

鼠小弟洛洛有了主意，找来20粒小石子，分成4份，惊叫道："每一份鱼有5条。"

"你真是太聪明啦。"飞天鼠说，"4堆每份5条的鱼，一共是20条。那么，1份鱼加上鱿鱼卷一共有18个。我们要怎么算呢？"

鼠小弟扔掉2粒石子，又拿出其中的5粒："每一份鱼有5条，去掉鱼的数量，总数18个就剩下13个了。"

"鱿鱼卷真有13个那么多吗？"一想到肥美多汁的鱿鱼卷，飞天鼠快像气球一样飘起来了。

没等鼠小弟算蛋糕的数量，飞天鼠早找来10颗纽扣扔到石子堆里，又捡回扔出的2粒石子。这样算起来，数量一共有30个，代表30个蛋糕。

它飞快地把"蛋糕"分成5堆，惊呼："真没想到，每一份蛋糕居然有6个！妮娜真是大方。"

它后悔偷猫城里的东西，不禁捶着脑袋呜呜地大哭起来。

突然传来的敲门声把鼠兄弟吓了一跳，鼠小弟去开门。跑回来时，它跌跌撞撞。原来，在猫城的贵宾单中，居然有飞天鼠与鼠小弟，是有人给它们送邀请信来了。

鼠兄弟很感激妮娜不计前嫌，它们准备了丰厚的礼物，高高兴兴地去参加美食大会了。

电视机里的表妹

百脚虫狄西卡神通广大，总能通过各种各样的手段得到新奇玩意儿。最近，它弄到了一台电视机。

这台电视机不仅可以收到世界上任何一个频道，其中还包括数不胜数的动物电台。

"说不准能看到表妹露茜呢。"百脚虫兴奋得直摇摆，一想到可爱的表妹，它笑得嘴巴都闭不上了。

可是，令它没想到的是，这台神奇的电视机居然在接通电源后，还是无法收看。通过蜈蚣普里与螨虫雷尔出主意，它不仅安装了电视机顶盒，还配备了最先进的遥控器，但还是无法让电视机出现画面。

百脚虫耷拉着脑袋，长长叹口气："表妹露茜漂亮得像花儿，一定会是动物明星。真可惜看不到它。"

蜈蚣普里早就想见露茜了，它曾经与百脚虫一同看过露茜的来信。信中说它远在大洋彼岸的热带雨林里，与大蟒蛇一同录过录像，并在全球都播放过了。

"蛐蜒爷爷最有智慧，我们去请它。"三个伙伴抱着电视

机，来到蚰蜒爷爷家。

蚰蜒爷爷爬到电视机上，又稳稳当当地坐到椅子上喝下午茶："据我所知，人类的每台电视机都有密码。收看电视节目前，必须把密码对上，否则它就是一台破铁盒子。"

"密码在哪里？"螨虫一下蹦到蚰蜒爷爷的头顶。

"瞧！"蚰蜒爷爷在电视机后面掀开一个盖，里面露出两个图形。

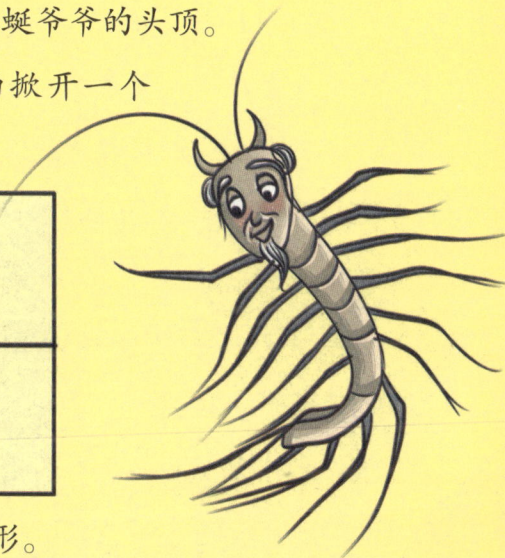

在这两个图形的下面，还有一排图形。

①　②　③　④

"爷爷，这是古老的诅咒吗？"螨虫看得最清楚，它吓得直发抖，翻着跟头逃到了地上。

蜈蚣与百脚虫刚要夺门而出，却被蚰蜒爷爷叫住。

"瞧你们平日挺威风，关键时刻全变成胆小鬼了。"蚰蜒爷爷微微笑着，"这就是电视机上的密码。你们谁能解开，谁就可以看电视节目了。"

三个伙伴走回来，战战兢兢直发抖。

"想要让电视机出画面，首先要把上面的两个图形重叠在一起。"蚰蜒爷爷问，"重叠后，和下面四个图形中的几号图形一样？"

蜈蚣普里选了1号图形，电视机一点儿反应也没有。

螨虫选了4号图形，电视机吱吱叫着冒白烟。

"全不对。"蚰蜒爷爷摇摇头，"这可不是闹着玩儿，只可以选三次。你们谁还有勇气？"

一想到漂亮的表妹露茜，百脚虫狄西卡挺起胸脯。它左思考，右思考，突然跳起来："两个图形重叠后，里面图形的方向

是不会改变的。首先可以找到右
上角的虫脸舌头伸出的方向朝上的有①和③，然后再看左
下角的虫脸的舌头伸出的方向朝下的只有③，由此我们可
以断定，两个图重叠后，应该是3号图形。"

它选了第3个，电视机的黑屏出现雪花点，吱吱叫着出现了一
个动物频道。令百脚虫吃惊的是，在广阔的亚马孙热带雨林里果
真有表妹露茜的身影。

它用只有表哥才能听懂的暗号低声说，早就订了船票，一个
月后会准时出现在表哥家门口。电视机花在旅途中的时间正好是
一个月。

百脚虫慌乱地往家跑，刚进门，身后就传来敲门声，露茜居
然真的出现在了家门口。

神秘的雨林宝贝

　　最近豚鼠海盗统领截获了一封信，信是从遥远的雨林里寄来的。令它们惊奇的既不是收信人是美丽的飞蛾小姐，也不是信由遥远的雨林寄来，而是信中的4个数字。

　　"我们早就听说，到达你们那片森林的水路上海盗横行，为了避免它们截获这封信，特意用密信手法。"海盗军师吃力地念着信上的内容，"我们带来的宝贝数量是一个由两个6和两个0组成的四位数，所以得准备这些数量的……千万记住，这几个数字组成一个四位数后，不用读出0的数量。"

　　海盗军师看了又看，最后发现居然是由于自己的手湿，把中间最重要的几个字给弄模糊了。

它吓坏了，又很生气，并不敢告诉海盗统领。

"看来，"海盗统领早被这些数字迷住了，根本没有发现这一点，"这一定是一笔非常多的金币数量。要不然，它们干吗弄得这样神秘？"

卡门与桑德拉也觉得这封信不简单，因为追求飞蛾小姐的人太多了，它那样年轻貌美，就是收到一座钻石山也不会让人惊奇的。

为此，它们特意把6和0组成四位数，写了一遍又一遍。

"是6060。"桑德拉想了想说。

"不对。"海盗统领摇摇头，"这里面含有0的读音。会不会是66？"

海盗军师马上摆摆手："66是两位数，根本不是四位数。"

"会不会是6006呢？"卡门自己耸耸肩，"中间也读出了一个零。"

海盗军师一向视财如命，它苦思冥想，三天三夜没合眼，终于想出答案："一定是6600了。这样读起来没有零。"

卡门与桑德拉激动得跳起来。

海盗统领也乐得合不上嘴。所有海盗都患了失眠症，巴望着早点儿截获这批宝贝。

海盗统领与卡门、桑德拉组织了大批的海盗。海盗军师则利用它的阴谋诡计，下了埋伏，让飞蛾小姐的神秘追求者插翅难逃。

一定是
6600

时间一天天过去，由于海盗们戒备森严，对河道严防死守，蜥蜴人与癞蛤蟆全都躲进了水草深处，谁也不敢出来活动。

终于有一天，一艘巨大的白色帆船靠了岸。

当看到飞蛾黛拉远远地飞来，海盗们认准这肯定就是那艘载满金币的船只。它们冲上船去，闯进了羽绒一般柔软的船舱。

令它们没想到的是，一颗颗饱满圆润的巨大"珍珠"，居然在它们推门闯入的刹那就腾空而起，变成了一只只飞蛾宝宝。它们翩翩起舞，眨眼间就全飞上了天空。

海盗们扑了个空，全都傻傻地站在船舱里。它们终于醒悟，原来，那些珍贵的"宝贝"并不是金币，而是几千只飞蛾。

飞蛾小姐在空中大谢豚鼠海盗们："雨林又湿又潮，天天下雨，它们在那里永远也变不成飞蛾。多亏你们一路帮忙护送，沿途没有一个捣蛋鬼来捣乱。把大船卖给蚕蛹老兄，会让你们无忧无虑地欢庆上三天三夜。"

生性贪玩的海盗们没有耽误一分钟，果断卖掉大船后，开办宴会，吃喝玩乐了三天三夜。它们特意写去一封信，感谢美丽的飞蛾小姐这封神秘的信所换来的宴会。

森林猫舞会

"想到好办法了吗？"这几天，猫城里的公猫都这样问对方。

"还没有。"大公猫迪克伸了个懒腰，"不过，马上就有办法了。"

迪克眯起眼睛，看向站在地下城护城河道上的另两只大公猫。

霸王猫与公猫伯爵也回视着它。它们也都摇摇头，又耸耸肩。

　　"漂亮的母狸猫温迪丝要是知道猫城里的猫去的比狸猫多，一定会不高兴。"霸王猫走向迪克，"毕竟，这只是一次森林猫舞会，而不是战争。"

　　"温迪丝美貌无比，"伯爵也为这事伤脑筋，"又傲慢又不讲情理，它是不会容忍妮娜所带的随从比它多的。"

　　"妮娜的美丽与温雅，我们有目共睹。"大公猫迪克思索着。

　　"是啊。"猫王波奥也走过来，"这次的猫舞大会非同小可，既要让狸猫与我们的关系更加融洽，又要不伤害猫城的母猫们的自尊心。"

　　"毕竟，谁都想见到温迪丝。"伯爵说了地下城所有公猫的心里话。

　　一大群焦躁的公猫在青石板路上踱来踱去。

　　迪克停下脚步，看向波奥："猫王，自从你当了地下城的统治者，还没有做出

任何有贡献的事。如果这件事你处理得好，所有公猫都会信服于你。但如果不行——"

迪克亮出尖利的指爪，吓得波奥朝后退了一步。

"温迪丝曾经说过，"波奥挺起胸脯，迎接公猫的怒目而视，"猫王国要派4只母猫参赛。有妮娜、美娜，还有伊薇与蕾特。"

"这我们全知道。"公猫们怒吼。

"除此之外，妮娜带8只公猫，它自己选择随从。"波奥说，"对方是温迪丝，带75只猫。"

"美娜的队，要带上9只公猫。"伯爵说，"对方带的猫一共有65只。"

"伊薇带上8只公猫，"霸王猫说，"对方是58只猫。"

迪克说："蕾特带上6只公猫。对方则要带上52只猫。"

"我认为，不管我们带上多少，只要比狸猫们的数量少一

些，温迪丝就不会发怒。"波奥说。

公猫们点点头，它们渴望美貌的狸猫能与自己一起跳舞。

"可是，要怎么办呢？"伯爵说，"如果不让猫城的母猫们满意，我们也过不上宁静的日子。"

所有的公猫看向波奥。

"妮娜如果带上8只公猫，这个数量的9倍是多少只呢？"波奥问。

迪克不耐烦地大吼："你在考我们？"

伯爵倒很聪明："72只。"

"72只再加上8只，是80只。80只猫比75只狸猫多，这肯定不行。"波奥说，"所以，8的最大倍数只能是9。妮娜带72只。这样与75只差3只，它不会太在意，而狸猫比猫的数量多，温迪丝会很高兴的。"

"这么说，"迪克说，"美娜可以带上9的7倍的数量的随从，这样是63只，比对方的65只少2只？"

"伊薇带上8的7倍的数量的随从。"伯爵拍手叫好，"这样下来，是56只，比对方的58只少2只。"

"蕾特带上6的8倍的数量的随从。"霸王猫叫道，"正好是48只猫，比对方的52只少4只。"

"如果这样安排，相差不多。"波奥说，"两方的母猫都会满意。"

大公猫们按照波奥说的安排了，果然，当森林猫舞会开始时，温迪丝看到公猫们的苦心安排，脸上冰冷的表情消失了。它和它的伙伴们同意了大公猫的邀请，森林猫舞会举办得非常成功。

定水神珠

蜥蜴人的家园被洪水冲走了。它苦闷不堪，整日垂头丧气。

"为什么不去碰碰运气？"蛤蟆老兄出主意，"在地下城最深处的下下城里，有一艘翡翠船。它虽然小得无法乘坐，却大有用处。"

蜥蜴人一把抓住蛤蟆老兄的手："翡翠船？"

"轻点儿。"蛤蟆老兄为了挣脱蜥蜴人，累得直喘粗气，"它在古老泉的最深处，镇着一只海眼。在它身下，压着一颗大珍珠，把珍珠扔到淤泥里，会立即冒出甘泉来，冲走淤泥。"

"我听说，"蜥蜴人说，"有它在，哪怕是波涛汹涌的大海都会风平浪静。"

"你说得没错，"蛤蟆老兄说，"下下城里的穿山甲是新来的移民，根本不知道这个秘密。所以把守得并不森严。"

蜥蜴人与蛤蟆老兄打扮成卖古画的商人，混进了下下城。它们趁着穿山甲休息的机会，溜进了古老泉上面的井口，顺着绳子下到井里。

脚下的泉水里映出翡翠船，闪着幽绿的光芒。

"我水性好，先下去。"蛤蟆老兄自告奋勇，扑向翡翠船，令它吃惊的事情发生了，摸到船身，翡翠船闪烁出无数道绿光，船身变得像冰山一样锋利，变成四个三角形。

蛤蟆老兄点了一下其中的一个三角形，它变成一面镜子，映出碧绿的海。它又点了其他的3个，镜面里依次出现草原与湖泊。蛤蟆老兄点啊点，却不见翡翠船移开。

它又蹬又踹，也没有挪动船身。

咕咚一声响，蛤蟆老兄浮出水面，累得摇头又喘气。

蜥蜴人一个猛子潜入水底，也试试探探，指指点点，可是，除了蛤蟆老兄看到过的场景，它再也没有看到其他的东西。蜥蜴人一个转身，来到船后，看到这样一座"冰山"。

它依次点了上面的三角形，吓得连连后退。每一个三角形变成一个镜面，映出张牙舞爪的妖怪。

秘密全在那些三角形里

蜥蜴人与蛤蟆老兄轮流跳出水面，又潜入水底，折腾了一天一夜，还是没破解出翡翠船的秘密。

无奈，它们只好溜出地下城，去拜见蚰蜒爷爷。

"做坏事，我不干。"蚰蜒爷爷摇摇头，"除非你们想要挪动翡翠船，全是为了地下河里的所有动物。"

"是是是。"蜥蜴人激动地说，"淤泥快堵死河口了，到时水淹地下城，所有的动物全都会死掉。"

"想要破解并不难，但得全靠你们自己想办法。秘密全在那些三角形里。"蚰蜒爷爷睡着了。

蜥蜴人与蛤蟆老兄只好回到下下城。

它们又抠又挖，又砸又踏，累得满头大汗，灰心丧气。

两个家伙靠在翡翠船旁，盯着井口幽绿的光。

"也许我永远要过无家可归的生活了。"蜥蜴人啜泣着。

蛤蟆老兄也决定离开。

在它们走前，蛤蟆老兄突然眨眨眼："这些图案还真有意思，虽然破解不了它，为什么不数数它究竟有几个？"它数了又数，"正面的船身，表面上有4个小三角形，可实际上有10个。因为可以把2个小三角形和3个小三角形合在一起数。"

它刚说完，突然，翡翠船的正面船身上的镜面消失了，变成了真正的船。原来秘密在这里，按照上面的办法，蜥蜴人也跟着动脑筋。

"背面的船身上有15个三角形。"它刚说完，翡翠船移向一旁，现出一颗巨大的珍珠。

它们背着珍珠来到河岸边，扔到淤泥里。顿时，堵塞的河道冒出甘泉，汹涌的河水停止奔腾，烂泥塘又变成了美丽的家园。

爱做梦的
鲶鱼爸爸

青蛙丽莎、蔓达和吉莉听到一阵哭声，鲶鱼公主妙拉急急忙忙地游过来，向青蛙姐妹们求助。

妙拉张开嘴，只是大声地哭，一个字也说不出来。

"别着急，慢慢说。"丽莎说，"怎么了？"

"我生了一堆小宝宝。"妙拉啜泣着，"可是不记得有多少个鲶鱼卵了。它们全都含在鲶鱼爸爸的嘴里。谁想到它居然打起盹儿，又说梦话，又咬牙，醒来后居然不见了好几个鲶鱼卵。"

妙拉哭得很伤心，鲶鱼须不停地上下乱跳。

丽莎、蔓达和吉莉都吓坏了，它们猜测鲶鱼卵一准儿被鲶鱼爸爸吞吃了。它真是个粗心大意的爸爸！

但当着妙拉的面，它们可不敢这样说。

"你真不记得一共生了多少个宝宝了吗？"丽莎轻声问。

"我只记得肚子痛，先生出一团卵。但由于太高兴，竟然没有数。"鲶鱼公主妙拉说，"鲶鱼爸爸美滋滋地告诉我，如果将嘴里的卵数加到原来的2倍，那么此时就有12个；如果将数量加到原来的4倍，那么就有20个。可是，我却不记得一共生了多少个卵。"

"鲶鱼爸爸说你生了几次？"吉莉问。

"它说一共有三次。"妙拉哭着说，"可是我昏昏沉沉的，竟然边睡觉边生卵，只记得自己生了一次。"

"鲶鱼爸爸在你身边，应该不会记错。"青蛙蔓达看向鲶鱼妙拉，"现在还剩多少个？"

"4个。"妙拉呜呜地哭，更加难过了。

"现在，只要算出第一次生出多少个卵，再去问鲶鱼爸爸其他的几次，就知道一共有多少个宝宝了。"吉莉说。

三只青蛙姐妹在荷叶宫殿里蹦来蹦去，不时跳到水里畅游，都试图想出个好办法。

"会不会是5个呢？"蔓达停住脚。

"不对。"吉莉说，"5的4倍是20，而妙拉说过，原来数量的2倍是12。"

"是6？"丽莎说。

"也不对。"吉莉说，"6的4倍是24了。"

眼看着谁也没解决问题，妙拉竟然昏了过去。经过一阵抢救，它睁开眼睛。

一直思索的吉莉有了办法。

"鲶鱼宝宝的数量加上原来数量的2倍是12个，鲶鱼宝宝的数量加上原来数量的4倍就是20个，那么原来的数量的2倍就是20减12剩下8个，这样就能求出第一次的数量了。"吉莉说。

"你是说，原来4倍的数量减去原来2倍的数量正好相差8个？"妙拉跳起来，"这样说，8除以多出的2倍，就是4了？"

青蛙姐妹面面相觑。这么说，只剩下第一次生产的宝宝的数量？

真有这么巧合的事情吗？

青蛙姐妹要鲶鱼妙拉冷静下来。它们一同来见鲶鱼爸爸，发现此时的它又睡着了。

一个激灵，它惊慌地醒来，大喊公主妙拉又生小宝宝了。而它张开嘴，嘴里的4个宝宝全都安然无恙。大家恍然大悟，原来妙拉只生过一次宝宝，其余的全是鲶鱼爸爸做的美梦。

鲶鱼公主妙拉破涕为笑。它高兴极了，邀请青蛙三姐妹与它们的小青蛙全来水宫做客。

河上客车

　　果子狸海娜与碧娜带着小糊涂来到地下城里的下下城过冬，随同一起来的还有40只果子狸。

　　下下城温暖又干净，食物也充足。欢度一个冬天，当发现太阳照得地下河道口处的坚冰开始融化时，果子狸们着了急。

　　"表哥，我们得回去了。"急性子的海娜说，"再晚两天，恐怕河面上的冰化了，我们的客车就无法通行了。"

　　由于果子狸们来的时候，正好是冬天，河面冻得结结实实，它们是乘着大客车来的。如果河

面上的冰化了，它们就要被困在地下城里了。

但来的时候，果子狸们除了大客车，还乘坐着雪橇等各种工具。过了一个冬天，那些工具早就不知扔到哪里去了，大客车根本无法装下它们。

"客车一次只能载8只果子狸。"碧娜说，"加上我们3个，总共有43只果子狸。要运多少次，才能使所有果子狸全部返乡呢？"

"现在坚冰已经开始融化，如果耽误了时间，恐怕得到下一个冬天，才能回到家乡了。"海娜急得哭起来。

所有的果子狸跟着想办法，小糊涂也急得团团转。

"好像有一点，你们没注意。"杰伦克说。

"快说。"果子狸们大叫。

"你们只说客车可以载8只果子狸，却没说有没有司机。"杰伦克说。

"嘿！真没想到这一点。"果子狸们叫着，点点头。

"如果是这样的话，实际上一次只有7只果子狸过河了。"穿山甲杰伦克说，"但最后一次则是8只果子狸过河。"

果子狸们的心情低落到极点，接连叹着气。

"别着急，"聪明的媚媚说话了，"43只果子狸，减去最后的8只，剩下35只。正好每次坐7只。"

"你是说，一共运5次？"碧娜兴奋地说，"要是这样算的话，再加上最后一次的8只，就是6次？"

"现在运6次就解决了问题。"海娜朝杰伦克竖起大拇指。

只要运6次就能解决问题

果子狸们说行动就行动，它们打点好行囊上路了。

果子狸们一批一批地挤进客车里，司机忐忐忑忑地开了车。

"但愿一切会顺利。"托博紧张得心脏乱跳。

果子狸们每天盼了又盼，客车来一次，走一次，剩下的果子狸们如热锅上的蚂蚁跑不停。到了第4次，所有的果子狸都想往车上挤。幸好杰伦克又一次安慰了它们。大家只好耐心地等。

果然像穿山甲杰伦克计算的那样，客车一共往返了6次。最后一次，所有的果子狸都坐进了客车里。

当所有的果子狸安安稳稳地到达家乡，冰雪消融，生机勃勃的春天开始了。果子狸们特意请游泳高手黑龙兄弟俩，为穿山甲杰伦克和它的伙伴们送去大草原的厚礼。

青虫之屋

与懒惰的大青虫不同，小青虫苏珊很是勤劳。

它不停地劳作着，只为拥有一个真正属于自己的家。因为它自从出生到现在，就一直过着流浪的生活。

青虫苏珊不停地织着一只蚕茧。想要建起一栋青虫之屋可不是那么容易，哪怕织错一针，房子都有变形和倒塌的危险。

可是，由于太过劳累，苏珊居然在织青虫之屋时睡着了。

当它醒来时，惊恐地发现自己竟然忘记了刚才编织过的针数。

它的泪水浸湿已织好的青虫之屋，滴落到树下的叶子上，变成了一场淅沥的小雨。

"嘿，如果我没看错，树上难过的正是我的亲妹妹苏珊。"大青虫一直过着悠闲的生活，它从未想过拥有一栋房屋，经常寄居在人面蛾家。

有时候想起来，总不免对妹妹十分愧疚。

它爬上树，拍拍苏珊的肩膀。

苏珊把令自己着急的事情告诉了哥哥："这个星期的前6天，我每天织8米。到了第7天，也就是今天，我记得织了9米。可是由于我太困了，我竟然忘记一共织了多少米了。"

　　大青虫除了吃就是睡觉，要不然就琢磨各种各样的新点子。它摇摇头，又摆摆尾，故作一脸严肃，却并没有计算出一共有多少米。

　　"也许不难。"大青虫夸海口，"我的朋友人面蛾，无所不能，去叫它帮忙。"

　　苏珊跟着哥哥来到人面蛾的小城堡。人面蛾真是好朋友，它马上点点头："这忙一定要帮……让我想想看，会不会，是把每天的米数加在一起？"

　　大青虫的眼睛转了转，看向妹妹小青虫。

　　小青虫苏珊点点头："一点儿也没错。"

　　"一个星期的前6天，每天织8米，我认为，准是40米。"人面

蛾看向小青虫。

小青虫马上返回青虫之屋，它量来算去，摇摇头："根本不对。"

跟上来的大青虫与人面蛾又琢磨起来，它们有了绝妙的主意。

"跟我来。"人面蛾飞到地上。

虫兄妹也跟着爬到地上。它们搜来许多树叶，堆了6堆8片的数叶。

"把它们都数一遍，数量正是前6天的米数。"人面蛾胸有成竹。

大青虫与小青虫马上投入到工作当中，忙得满头大汗。

苏珊第一个数完了："8的6倍是48，一共48片树叶。正好代表48米。"

人面蛾又数出9片树叶："把这些加在一起，就是你织的米

$$8 \times 6 = 48$$

数了。"

　　大青虫与小青虫一起数着，数出57片树叶。小青虫苏珊连忙爬到树上，它量了又量，惊喜地发现正好是这些米数。

　　小青虫苏珊马不停蹄地又投入到工作当中，人面蛾与大青虫也跟着帮忙。它们端茶倒水，抽丝织茧，很快，青虫之屋就被建好了。大青虫发现里面居然有属于自己的一间卧室和一间客厅，感动得流下了眼泪。

　　它不再贪玩儿，不再四处冒险，而是与妹妹小青虫一同装饰它们温暖的巢窝。

48+9=57

骑士勋章

有一件事情轰动了地下城猫王国。

猫祖先铠甲勇士特意在深夜走进猫王波奥的寝宫，告诉它骑士勋章就要出现了，谁能够得到它，谁就会成为下一个铠甲勇士，保护猫王国永远也不受可怕生物的侵犯。

霸王猫与它的猫兄弟累得气喘吁吁；大公猫迪克也带着它的手下在地下城里奔波忙个不停，可是谁也没发现即将显现的骑士勋章。

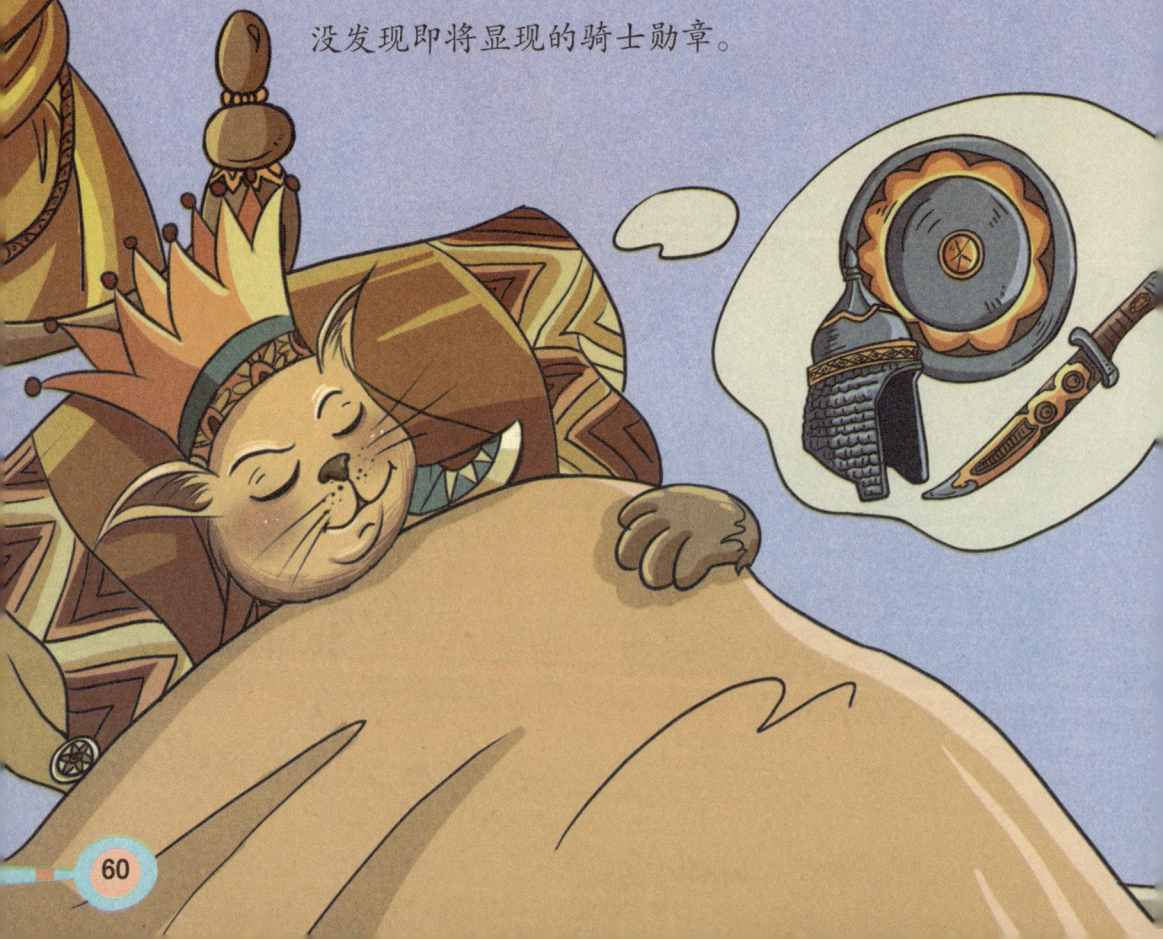

"骗局。"霸王猫一扬爪子，打碎了广场的石猫。它力大无比，令所有公猫恐惧。

"我了解波奥。"迪克说，"它从来不撒谎。"

大公猫们继续穿梭在古老的地下城，越是找不到，就越感到气氛神秘。渐渐的，它们好像发现了不寻常。

一群猫在公猫伯爵身边停下脚步。

"你站在这里发呆，是想偷城墙上的大挂钟？"霸王猫带着嘲弄地说。

"听！"伯爵把手指放在嘴上，耳朵侧向高高的城墙。

所有的公猫侧耳倾听，听到大挂钟的嘀嗒声。

"看！"伯爵的目光扫向挂钟两侧分别挂着的4枚铜铸的骑士勋章。

这4枚骑士勋章巨大无比，根本无法挂在身上。公猫们摇摇头，都认为伯爵想勋章想疯了。

但伯爵却比哪只猫都清醒："挂钟的秒针每抖动一下，4枚骑士勋章中的前3枚，都要闪烁一下。"

突然，霸王猫扯着嗓子尖叫起来："我从未发现，骑士勋章的脸居然是这副模样。"

此时，4枚勋章中的前3枚，每1枚勋章上的左上、右上、右下，都出现了不同的猫面孔，与原来的大胡子猫脸格格不入。

"是谁在勋章上动了手脚？"脾气暴躁的大公猫迪克吼道，

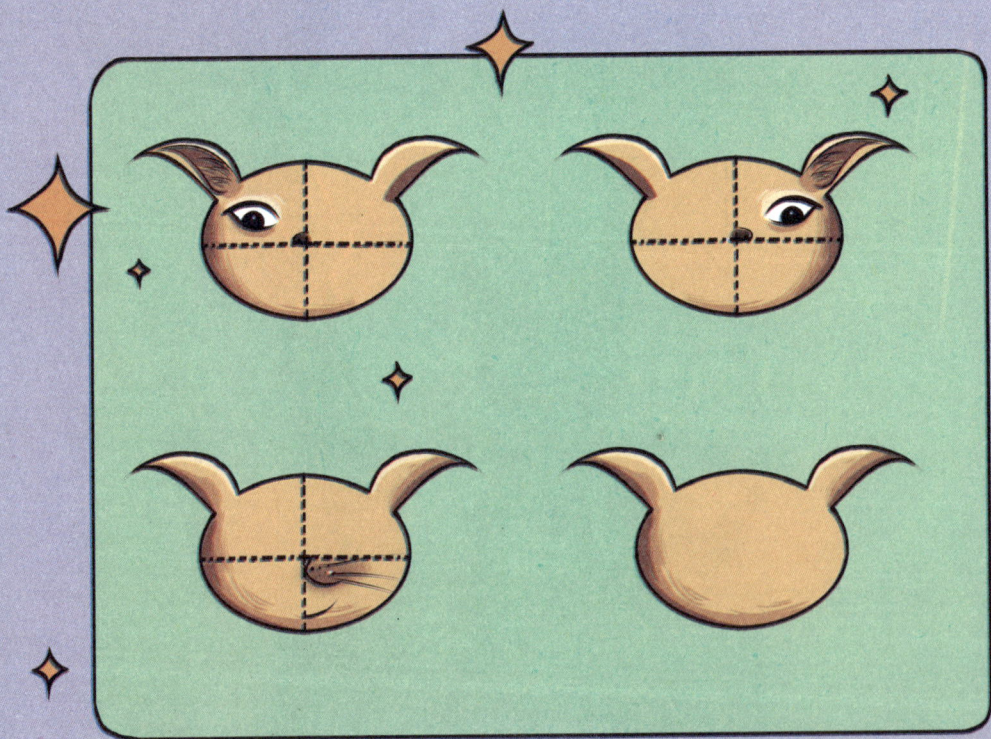

"快给我出来。"

公猫们谁也没有动弹，只是惊恐地盯着亘古不变、如今又诡异变身的骑士勋章。

"这是否是某种预言？"伯爵神秘地说，"预示着新的铠甲勇士？"

大公猫们全都全神贯注地盯着骑士勋章，觉得前3枚勋章里出现的面孔非常熟悉，可又想不起究竟是谁。

它们看向第4枚勋章。它是铜铸的，没有出现任何变化。

"也许秘密就在这里。"霸王猫抠着青砖，飞快地蹿上城墙。它的爪子又抠又挖，勋章突然冒出一股电光，它惨叫着跌到地上。

迪克不服气，也蹿到城墙上，它落了个与霸王猫同样的下场，躺在地上哀号。

伯爵可不是个鲁莽的家伙，它的眼珠转了转，想到了波奥。勋章上的猫脸如此熟悉，看着——对，就是波奥。

它一定能解开谜团。

伯爵正要去找波奥，波奥从王宫里远远地走了出来。它来到城墙下，久久地盯着骑士勋章。

在所有公猫的注视下，它泰然自若地攀到第4枚骑士勋章下，猫爪拍到勋章左下角上："若是我，请你显现。"

令所有猫民惊讶的是，波奥不但没跌落下来，反而缓缓地飘到空中。在它面前，也就是第4枚勋章后面，出现了第5枚勋章。

原来，前3枚骑士勋章分别按顺序出现波奥的脸，只要第4枚勋章上出现波奥的脸，隐藏的勋章就出现了。大公猫们对波奥崇敬无比，原来波奥居然是英勇无比的铠甲勇士。

铠甲勇士

金蟾帮大忙

"如果再想不出好办法，我们只好搬家了。"蜥蜴人忧伤地托着下巴，眼泪吧嗒吧嗒掉下来。

蜥蜴人与蛤蟆老兄因为小事得罪了豚鼠海盗，海盗频频破坏它们的巢窝，毁掉它们的水草城墙，使它们整日东躲西藏，忧愁度日。

别看蛤蟆老兄平日里除了吃，就是东游西逛，关键时刻总能想出好主意："你忘了一样东西。"

蜥蜴人瞪大眼睛。

"我表兄金蟾会纺一种金丝。"蛤蟆老兄说，"只要用这种金丝织成树篱，别说是海盗，就连一只蚊子也飞不进来。到时候，就可以高枕无忧了。"

大名鼎鼎的金蟾，在地下城，无人不知，无人不晓。它纺的金丝，如果织成被子，冬不冷，夏不热，放在火里烧不坏。最主要的是，金丝里隐藏着金蟾家族的古老咒语，当它被织成树篱时，就连幽灵都溜不进来。

蜥蜴人与蛤蟆老兄飞快地赶到金蟾家。它们得到金丝后，又迅速赶回河道，在巢窝附近开始打木桩，准备缠绕金丝。

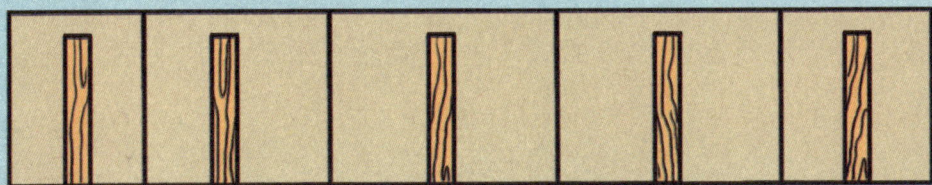

储藏室 地窖 正门 茶室 卧室

在上面几间房子外面打好木桩后，它们很快便把金丝缠好了。令它们没想到的是，晚上海盗就来攻城了。它们轻而易举就闯进来，拆毁巢窝，夺走宝贝。

蛤蟆老兄呜呜地哭，大叫上了当，去找金蟾表哥算账。

"你们这些笨脑瓜。"金蟾摇摇头，"金丝不能随便缠，哪怕有一个小小的漏洞，它们都会失去古老的魔力。"

但金蟾却不透露秘密："幸福的生活要靠自己来争取。"

两个家伙垂头丧气地回到巢窝。

"金蟾说得一点儿也没错。"蜥蜴人说，"可我们脑袋不灵活，恐怕不会有幸福的生活。"

蛤蟆老兄不言也不语，仰面躺在河里来回游。

夜深了，蜥蜴人在忧伤中打起盹儿。它忽然被蛤蟆老兄吵醒："有啦。我游来游去在思考，忽然想起祖母织的布。密密麻麻的针脚，少织一针，布上不仅会有洞，还会开线用不了。"

蛤蟆老兄把木桩上的金丝重新取下来，一根根绕在木桩上，"你瞧，储藏室、地窖、正门、茶室、卧室，这几个点，可以先把储藏室与地窖缠绕一圈，再把地窖与正门缠绕上，之后缠正门与茶室，再缠茶室和卧室。这样，这几个点，我们都缠了金丝。"

"你的想法可真棒。"蜥蜴人高兴得跳起来，想按照这个方

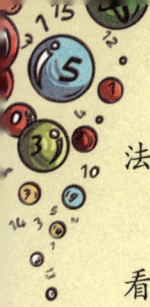

法再缠一遍。

"这样可不行。"蛤蟆老兄说，"还会被海盗钻空子的。你看，我们可以这样缠，储藏室与正门缠一圈，再把地窖与茶室缠在一起。之后，正门与卧室外面的桩相缠绕。"

"你真是好样的。"蜥蜴人说着动起手。

它已经找到诀窍，把储藏室与茶室缠绕在一起，又把地窖与卧室的木桩用金丝缠紧。

蛤蟆老兄接着把储藏室与卧室的木桩用金丝缠结实。

"这样下来，真的没有一点儿空隙了。我们把这几根木桩上的每一个点都缠牢了。"蜥蜴人数了数，"这几个点互相缠绕

后，一共拉了10条严密的网。别说海盗，我看，就是幽灵也钻不进来了。"

事情正像蜥蜴人预料的那样，海盗们在接下来的几天，接二连三地攻城。可是，不是找不到蜥蜴人与蛤蟆老兄的巢窝，就是找不到入口。

它们站在水草中干着急，最后阴险地放了一把火，却没想到，火不仅没烧到蜥蜴人与蛤蟆老兄的巢窝，反扑到它们自己身上。

海盗们落荒而逃，再也不敢侵犯蜥蜴人与蛤蟆老兄的巢窝了。

赌场劫难

　　大盗飞天鼠与鼠小弟洛洛早就过够了树上安逸的生活。它们渴望再次冒险。

　　"哪里都没有赌城好玩儿。"大盗飞天鼠说的不是心里话，它是想说，世界上除了赌城，哪都找不到比白鼠茉莉还漂亮的老鼠了。

　　茉莉的身世一直是个谜。传说，它正是赌城神秘大老板的女儿。

飞天鼠与鼠小弟背着简单的行囊，正准备上路，突然看到天空飘下许多叶子传单。

"真没想到，"鼠小弟拿着传单的手不住地发抖，"原来茉莉果真是赌城老板的女儿，而现在老板正要把茉莉嫁出去。"

"只要谁能够破解赌城金窖密码，谁就可以娶走茉莉小姐，拿走一千个金币。"飞天鼠简直不敢相信自己的眼睛。

鼠兄弟风风火火地赶到了维拉斯赌城。这时候，赌城早被世界各地慕名而来的老鼠堵得水泄不通了。

但随着不断有老鼠拥进来，也不断有老鼠无精打采、垂头丧气地从赌城里溜出来。

鼠小弟洛洛与飞天鼠好不容易挤进赌场的大厅，听到赌场里响起它们的名字。它们走到华丽的大厅里，看到墙上的赌盘不停地旋转着。

上面出现一排数字：

2、7、12、17、22、（　）、（　）

2、7、12、17、22、( )、( )

"把空白处的数字填对，"赌场大老板是一只巨大无比的老鼠，它长须白发，眼神狡猾，目光阴森，表情忧虑，"转盘后的金窖之门就可以打开。我从来都只往里扔金币，而从未打开过金窖，久而久之，竟然忘记密码了。"

鼠小弟与飞天鼠发现，白鼠小姐茉莉站在一旁，哆哆嗦嗦，满眼愤怒，却不敢说一句话

它们料到这其中必定大有文章，暗暗决定帮助茉莉。

别看鼠小弟个子小，脑袋可很灵活："我数了数，2到7，中间隔着5个数。7到12也是，后面的数也全是这个规律。那么，在22后，应该就是27了。再往后，是32。"

令所有人意想不到的事情发生了，赌

盘像冰一样融化掉了，现出里面的一扇晶钢门。

门上有一排数：

2、8、6、24、22、（　）、（　）

赌场的老板兴奋得满脸通红，目光也更阴森了。而鼠小姐竟然抽泣起来。

鼠小弟洛洛算来又算去，不禁摇摇头："2加6等于8，8减2等于6，6加18等于24……不行，这个我算不出来。"

鼠小弟的话提醒了飞天鼠，它不动声色，心里不停地算：除了2加6等于8，2乘以4也等于8。8减2等于6。6再乘以4，等于24，接下来，再减2，正好等于22。

它摸清了规律，却没急着行动。

由于飞天鼠经常来赌场，知道一些机关，而它吃惊地发现，鼠老板竟然就坐在机关上。

难道说，它根本不是真正的鼠老板？

要不然，茉莉怎么会如此害怕和伤心？

飞天鼠悄悄踏了一下机关，走到赌盘前，把上面规律说完后，说道："所以，22乘以4是88。88减去2，正好是86。"

它刚说完，金窖之门被打开了，金光闪闪的金币让人眼花缭乱。里面居然走出同样模样的鼠老板。而此时，咕咚一声，机关上的凶恶的鼠老板竟然掉进了陷阱里。

原来，赌场老板被白鼠赌鬼追杀，被迫逃进了金窖，而白鼠赌鬼冒充了鼠老板。茉莉破涕为笑，赌场的老板并没有嫁掉女儿，却送给飞天鼠与鼠小弟很多的金币。

鼹鼠奶奶去买床

"鼹鼠奶奶，海盗们又来欺负你了？"去面包店买汽水的蒂丝担心地问。

鼹鼠奶奶摇摇头："我的床被虫蛀坏了，要换一张新的。可是零零散散的硬币太多，我怎么也算不对钱数，无法拿着钱去买床。"

柜台上堆着几堆小山一样高的硬币和金币。

布兰奇趴到柜台上："我从未见过这么多硬币，比我的玻璃珠子还要多。"

“比我种的土豆还多啊。”墨镜鼹鼠走了进来，它身后跟着形影不离的克蒂斯。

“我们帮你数。”鼹鼠洛特也正巧来买面包。

五只鼹鼠全都趴到柜台上，每只捧着一堆硬币数起来。

“我数了23个金币。”洛特说。

“我数了46个金币。”布兰奇说。

“我数了4个金币。”墨镜鼹鼠不满地说。

“我数了75个一元硬币。”蒂丝兴奋地说。

“我的最多，”克蒂斯说，“竟然有149个一元硬币。”

“不行，我还要数。”墨镜鼹鼠把一堆硬币揽入怀中，“一共有135个。”

"瞧瞧，我还数了21个一元硬币。"鼹鼠奶奶皱起眉头，"可是这么多，怎么加在一起呢？我正是因为算不出来，才耽误了买床。"

"慢慢算，总有算出来的时候。"鼹鼠洛特说。

"可是，秋季大促销就要结束了。"鼹鼠奶奶急得直抹眼泪，"到时候再买，我的钱就不够了。"

"得想个好办法，"蒂丝说，"趁促销结束前买到床。"

布兰奇捏着硬币，想起自己数玻璃珠时的情景："46与4是互补的，相加后我们马上就可以算出是50。这样再与23相加，很快就可以得出有73个金币了。"

垂头丧气的小鼹鼠们来了精神。

"经你这么提醒，我也会算了。"蒂丝叫道，"一元硬币

中，75与135是互补数，149与21是互补数，可以分别先相加，再把两个和相加。"

"这最重要的让我来算。"墨镜鼹鼠挺起胸脯，"75加135等于210，149加21等于170。它们相加是380个硬币。真没想到，鼹鼠奶奶，你是我认识的最富有的老奶奶了。"

"这是真的吗？"鼹鼠奶奶简直不敢相信自己的耳朵，"那张床的价钱正好是73个金币加上300个硬币。剩下的钱还可以作为面包店的找零使用。"

它调皮地眨眨眼："看来，我还真是富有的老奶奶呢。"

小鼹鼠们帮助老奶奶，背起硬币和金币，它们不仅陪同鼹鼠奶奶去买床，还帮它把床抬回了面包店。

鼹鼠奶奶自从有了柔软的新床，腰不弯了，腿不痛了，每天躺到舒服的床上睡得很香。它逢人便夸，它们全是懂事又善良的小鼹鼠。

木箱里的眼镜蛇

猞猁王莫多收到一封信，信上的内容如下：

"老兄，自从地下河道被投入定水神珠，汹涌的水妖就跑到我水獭乔力的地界捣乱。大大小小300个水獭窝被冲垮，我们不得不搬到河的上游去。请你帮忙护送我们的抓鱼工具平安抵达。这其中还藏有一批眼镜蛇的神秘物品。

"老兄，记住，连勇猛无比的水獭也对眼镜蛇礼让三分，你

们得小心呀。"

莫多揉皱了信:"谁都知道眼镜蛇的厉害。这批货物,我们送也得送,不送也得送。"

站在它旁边的猞猁虫虫说:"别急着撕烂它,我看到信的背面有字。"

展开信,上面有一串数字:

"92－48－15=59"

数字下面有一段文字:

"这就是让你们护送的货物的数量,其中有我的,也有眼镜蛇的。千万别弄丢,也别损坏。记住眼镜蛇是不好惹的家伙。"

92－48－15=59

这就是让你们护送的货物的数量,其中有我的,也有眼镜蛇的。千万别弄丢,也别损坏。记住眼镜蛇是不好惹的家伙。

莫多把上面的数字减了又减，得出的最终数字是29。

"这组数字肯定不像你想的这样简单。"猞猁总管瑞森说，"要不然，最终得数不会与59不符。"

"也许是它们的恶作剧。"弗伦说，"你们别忘了，水獭虽然也跟我们沾亲带故，可没少捉弄我们啊。"

弗伦说得没错，水獭生性喜欢恶作剧。但凡它们感兴趣的家伙，最终跑不了被捉弄的命运。

"不管怎么说，先接了这批货物。"莫多走出王宫，在广场上看到早被水獭丢在石坛上的货物。

这批货物很快被装进大车，猞猁大军浩浩荡荡地出发了，沿

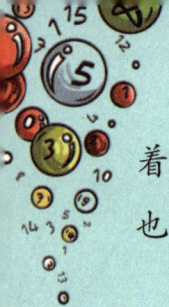

着河道朝上游走去。侦探虫虫尽职尽责，时刻保护着这些货物，也因此，它发现了其中的不寻常。

"里面好像有呻吟声。"虫虫说，"会不会是活着的生物？水獭把它们关进了大木箱里？"

由于深秋天气十分寒冷，虫虫担心"生物"会被冻死，在每一辆车的底下挂了一只小火炉。这样，箱子里就十分暖和，不会有生物被冻死了。它又铺了许多树叶，这样箱子不受颠簸，在里面的生物就不会受伤了。

一路上，猞猁们动着脑筋。

"按我说，把3个数的其中1个去掉。"弗伦说，"这样就有可能使等式成立。"

"不对。"莫多说，"去掉15，得到的数字是44。而去掉48，得77，全与59对不上。"

虫虫琢磨着大家的话，边走边盯着箱子，生怕由于一时大意而葬送了意想不到的生命。它突然发现，从木箱的缝隙中钻出一个被掏空的蛋壳，顿时吓了一跳，连忙接住了。

是谁将蛋壳丢进箱子里？难道说，水獭在里面关了一只老母鸡？

它研究着蛋壳，扣到眼睛上，这一看，虫虫惊得跳起来："我知道答案了。"

猞猁们停下脚步，全都围向虫虫。

虫虫把蛋壳放在48与15上，好像变成括号，把它们与前面的92区分开了。这样就变成92-（48-15）=59。

猞猁们把虫虫扔到了半空，没想到这个难题居然解决了。但高兴过后，大家却无法再开心地笑了。

这组神秘数字到底说明什么呢？

到达目的地，早等在那里的眼镜蛇揭晓了答案。

原来，大木箱里除了水獭的工具，还有眼镜蛇的蛇蛋。水獭故意隐瞒了这一点。蛇蛋本该会被颠碎，却没想到被好心的虫虫拯救，由于它挂了火炉，木箱里的蛇蛋全都孵化出了小蛇。

为了感谢猞猁，眼镜蛇付了双倍的报酬。真没想到，爱搞恶作剧的水獭居然干了件好事。

锦囊妙计

　　"爸爸，我不会让你饿肚子。"在一个温暖的春天的早晨，蚯蚓艾比悄悄上路了。它要独自离开洞穴去遥远的地方寻找食物。

　　只要找到充足的食物，蚯蚓大叔就不会饿肚子。由于去年计算错误，在今年春天到来，万物复苏，而泥土还没完全解冻时，食物就已经吃光，它们着实过了一段忍饥挨饿的日子。

蚯蚓艾比很聪明，每条挖过的土地，它都会用草根支撑住，这样就不会倒塌。几年的努力下来，它的工作有了成效，它挖过的路形成了一个巨大的地下迷宫。

它把通道全都做了记号，所以也不会因为走错而耽误时间。

艾比去了森林里，它没有天敌，所以更能专心地寻找食物。

可是艾比的心情却怎么也高兴不起来，全都是因为一只锦囊。这是蚰蜒爷爷赠送给它的礼物。锦囊不仅十分小巧，可以系在腰带上，还可以装许多食物。

但蚰蜒爷爷提醒它，别看只是一只锦囊，可它却有生命。它只能装进背囊的内侧口袋里所标出数量的食物，如果超出

了，就会变成一只巨大无比的袋子，任谁也拖不动。

但如果装得不够，艾比担心爸爸又会饿肚子。

艾比打开袋子，上面有这样几个数字和符号：

$$
\begin{array}{r}
5 \\
+\ 4 \\
\hline
9\ 4
\end{array}
$$

它怎么也解不开其中的奥秘，走着走着，越想越伤心，竟然呜呜地哭起来。

"艾比。"蝲蝲蛄马克从一个艾比特意为它挖的小洞穴里钻出来，"谁欺负你了？"

艾比把自己的烦心事告诉了马克，并让它看锦囊："我可怜的爸爸体弱多病，没有足够的食物，它会饿死的。"

"你和你爸爸都那么乐于助人，有我在，不会让它饿死的。"马克走到艾比前面，"我们边去寻找食物，边想办法。"

"蛐蛐爷爷说过，"艾比说，"如果把符号成功地转换成数字，得出下面的94，就可以在锦囊里塞94千克的食物。也许够我们吃两年呢。但如果把符号代表的重量填错，就只能装9400克了。可怕的是，如果超出重量，它就会变成大袋子，我们谁也拖不动。"

"我从未听说过这么神奇的袋子。"马克羡慕地说，"如果我的食物也装在里面，你们会不会饿肚子呢？"

艾比摇摇头："解不开谜题，什么也装不进去。"

两个伙伴想啊想，瞧啊瞧。马克停下脚步："由于4比5小，5加几都不能等于4，所以一定有进位，你知道5加几等于14吗？"

艾比脱口而出："9。这是我从蚰蜒爷爷那里学来的。它经常教我算术。"

"你真聪明。"马克崇拜地看着艾比，"5的下面，我们就填9。这样，个位数朝十位进一，十位数上就变成4加1等于5了。"

"天哪！"艾比一个猛子蹿起来，"你是说，秤的符号里填上4吗？这样加起来，正好是9啊。"

马克点点头，更加钦佩艾比："蚰蜒爷爷可不会随便送人礼物，还如此贵重。看来，它早就知道你是一条聪明的蚯蚓了。"

"不。"艾比一脸严肃，"全是你的功劳，如果没有你，我还不知道怎么解开这个谜题呢。我要把其中一个内侧口袋，全装满你与蝲蝲蛄大婶的食物。这样，你们也不会在冬天挨饿了。"

蚯蚓艾比与蝲蝲蛄马克沿着长长的地下迷宫，一直走到了尽头。它们辛勤地寻找了整整一锦囊的食物，并轻松地带了回来。它们再也不用为缺少食物而发愁了。

友谊拔河赛

　　地下城猫王国里的公猫们一向与猞猁国的猞猁们是死对头。它们谁也不服谁，对什么事都寸步不让。

　　"讨厌的猫毛飘到了猞猁国。"猞猁找碴儿叫道。

　　"肮脏的猞猁四处大小便，"公猫们抱怨，"还偷猫国的水晶果吃。"

　　它们三日一小架，五日一大架，打得两国的猫跟猞猁整日不

得安宁。为了平息猫与猞猁们的怒火，母猫妮娜冥思苦想，终于有了主意。

"组织一场拔河比赛，"妮娜对妹妹美娜说，"别看这游戏简单，却能看出大家的团结。"

"如果公猫们输了，会天天对你的鬼主意咆哮。"母猫蕾特不屑一顾地说。

"如果猞猁们输了，它们会认为你是故意让它们出丑。"母猫伊薇也认为这是个馊主意。

只有美娜支持姐姐："但如果它们谁也没有赢，更没人输呢？"

"你真会异想天开，这是不可能的。"蕾特与伊薇对它摇尾巴，吹胡须。

"也许有办法。"妮娜去忙它的工作了，它的脑袋没闲着，无论干什么事，都在思考，是否有办法可以让猫与猞猁的比赛拉成平局。

它正指挥小母猫们把地里的水晶果搬回猫城，自己也抬了一筐往前走。骨碌碌，掉落3个水晶果。它刚要捡起来，筐歪了，又滚出3个。

妮娜的眼前一亮："3个水晶果，代表3只猫。3个水晶果，代表3只猞猁。如果这样参赛，它们就会势均力敌。"

身边传来小母猫的笑："别傻了。上次3只猞猁与3只公猫打架，就是我们赢了。"

是啊。妮娜想起来，霸王猫与迪克力大无比，再加上一个伯爵，对方那些瘦小的猞猁不输才怪呢。

它扔掉水晶果："要是每只重量都一样，会不会结局不一样呢？"

"如果这样，你就得在参赛前，要求对方的体重和我们一样，还不能3个体重都一样。这样，会被看出破绽。因为这毕竟是一场友谊赛。"

妮娜马上画出一张图纸：

妮娜知道，猫城里的迪克体重7千克，霸王猫体重8千克，再加上哥哥伯爵5千克，正好是20千克。它们是猫国里最强壮的猫，遇到比赛一定会第一个冲到前面，根本没有其他猫的份儿。

可是，它根本不知道猞猁们的体重。而且，它也绝不能按照体重选参赛的选手，而必须点名邀请。

"猞猁虫虫很轻，只有4千克。"母猫美娜与虫虫暗地里是朋友，它们去游乐场玩儿的时候特意量过体重。

"我也帮你一点儿忙。"伊薇说，"英勇的猞猁莫多请我吃过晚餐，它要多强壮有多强壮，有6千克。"

妮娜算了算："这样，加起来只有10千克，想要再找出10千克的猞猁真是难上加难啊。但如果找不到，两边的重量不相等，它们准会输。"

别看蕾特平时嘴快不饶人，心眼儿却不坏："你们谁都没听说过猞猁瑞力，它是瑞森的儿子。由于太胖，很自卑，从不迈出家门一步。据说，它有10千克，正四处搜索减肥秘方呢。"

妮娜高兴得一把抱住了蕾特。

它马上写了邀请信，果然，猞猁瑞力真像传说中的那样胖。它鼓起勇气来参赛，没想到帮了猞猁的大忙，没让猫城的3只公猫得到便宜。猫与猞猁谁也拔不过谁，一直拔了三天三夜，它们居然产生了友谊，扬言再也不跟对方过不去。瑞力找到了自信，它再也不嫌自己是"肥猪"了。

欢迎老海盗王

"救命，救命。"豚鼠海盗王有一个星期没睡觉了。它的眼圈黑了，肚子瘪了，身体也瘦了整整一圈。

海盗军师装病远远地躲到了仓鼠医院里。其他的海盗也散的散，逃的逃，谁也不敢再守在海盗船上。唯独有忠心的卡门、桑德拉和菲尔几个头领留了下来。

"也许它会原谅你。"豚鼠卡门安慰说。

"十年前，海盗王叔叔去远方游历，特意让我管理好海盗船。"海盗王不停地发着抖，"可是，我却趁着机会自己当了海盗王。它不会饶过我。"

"它是你的叔叔。"豚鼠桑德拉说。

海盗王摇摇头，整个身体钻进被窝里。

"不行就把它扔到河里。"菲尔发狠地说，"让它继续去游历。"

"能当上海盗王可不简单。"海盗王说，"叔叔最会使飞镖，我从未见它失过手。"

菲尔缩了缩脖子，吓出了一身冷汗。

桑德拉、卡门和菲尔谁都没见过海盗王。它们加入海盗船最

多也不过五年。所以，越想越怕，越怕越忍不住想。它们也跟着吃不香，睡不着。

一天早晨起来，海盗王吧嗒吧嗒地落泪："叔叔很疼我，小时候，它让我骑到它的脖子上带我四处玩儿。我什么风光的日子都过过，想想当初真不该。"

桑德拉的眼珠一转，说："他就是当了国王，也还是你的叔叔。再说，这十年来，海盗船无人管理，一定会乱成一团。而你这至高无上的海盗王，却把一切打理得井井有条。"

"你是说？"海盗王眨眨泪眼。

"还原它出走时海盗船上的模样，你恭恭敬敬地迎接它，让它重新当海盗王。"桑德拉说。

海盗王马上带领海盗们在甲板与船舱里跑来跑去，开始把船布置成老海盗王离开时的模样。但接下来，海盗王犯了难。

海盗王展开手里的图纸，出现下面一个船的图形：

"我记得叔叔走时，船上线条中的每一个偶点和奇点上都站着

披甲海盗。"海盗王说，"可我却忘记有多少个披甲海盗了。"

"我看有4个角，"菲尔说，"不如安排4个。"

"我记得比这个多。"海盗王说，"叔叔最精明，谁也骗不过它。"

桑德拉想了想："我认为没那么难。仔细数数，我们4个海盗守着的正是外面的奇点。从船的中心引出四条线，它应该是偶点。所以，一共有5个海盗守卫就够了。你把守在中间，叔叔一定会高兴万分的。"

它们刚布置好一切，老海盗就回来了。

令海盗们没想到的是，风烛残年的老海盗并不是回来夺地盘的，而是让侄子海盗王继位的。它带回的大批财宝，全都赠送给海盗王。海盗王感激万分，决定好好地照顾这位老叔叔。

木鸟会飞

"平时不做亏心事，半夜不怕坏人叫门。"下下城里，在深夜，刺猬最爱讲各种各样的恐怖故事，每次都以这句话作为结尾。

今晚，它刚说完这句话，传来急促而响亮的敲门声。

穿山甲们逃的逃，窜的窜，眨眼间就跑得一只也不剩了。只留下刺猬嘶叫连天地往一只破旧的大皮鞋里冲刺。

由于它太胖、太圆，根本无法钻进皮鞋里，吓得当场就晕倒

嘭！

过去。

门缓缓打开，缩头缩脑地钻进一只小刺猬。它差不多只有一只苹果那般大。穿山甲们陆陆续续地钻出来。

"布鲁哥哥，"小刺猬尖声尖气地叫着，"我终于找到你了。"

灰头土脸的刺猬布鲁听到叫声醒过来，把嘴巴从大皮鞋里抽出，眨眨眼睛，看向由于旅途奔波而灰头土脸的小刺猬。

"贝雅，是你吗？"布鲁不敢相信地揉揉眼睛。

"当然是我了。"贝雅从身后拖出一只巨大的空袋子，低垂着脑袋，"如果不是妈妈遇到麻烦，它不会让我四处寻找你。"

布鲁扑到妹妹身上："黄鼠狼又欺负你们了？"

"它夏天的时候借给妈妈一袋枣，一共6千克。"贝雅说，"要我们还它两条鲤鱼，每条3千克。现在，我们还了一条，它却又琢磨出新的坏点子。"

"鱼比枣贵多了，它在欺负人。"布鲁攥起拳头。

穿山甲们也都气呼呼地跟着跳脚。

"我们不得不这样。"贝雅流下眼泪，"要不然，妈妈和我会被咬死的。哥哥，我们一直等你回去，都以为……你死掉了。"

布鲁边哭，边用拳头砸脑袋："都怪我，在下下城过上幸福的日子，竟然把你们抛在了脑后。"

它刚要动身，被穿山甲们拦住。

"先弄清楚贝雅的困难。"杰伦克说，"把该还的东西还给黄鼠狼，你再把妈妈和妹妹接到下下城里来。"

布鲁很感谢穿山甲杰伦克，问妹妹黄鼠狼又想出什么新点子。

"它说一条鱼的重量正好与3只画眉鸟的重量相等。"贝雅说，"它要我们给它3只画眉鸟，好让它解解馋。"

"真是个坏家伙，连画眉鸟也吃。"穿山甲杰伦克要刺猬不要慌，"我认识一位巧匠，它雕刻的马会跑，雕刻的鱼会游，雕刻出的鸟一定又会叫，又会飞。"

但找它之前，大家必须弄清楚一条鱼的重量是否与3只画眉鸟的重量相等，不然是骗不过狡猾的黄鼠狼的。为解开难题，穿山甲杰伦克特意找来一条3千克的鱼，请来许多只画眉鸟朋友。

???

3千克

画眉鸟依次站在天平上，直到最后得出一条鱼与3只鸟的重量相等，杰伦克又称了一只画眉鸟的重量。

"正好是1千克。"杰伦克为终于解决难题而兴奋万分。

它带着刺猬兄妹去找巧匠，制作了3只1千克的假鸟。它们跟着刺猬兄妹飞回家，黄鼠狼见到画眉鸟，乐得又叫又跳。它还没识出破绽，兄妹俩就带着刺猬妈妈逃到了下下城。

等到黄鼠狼发现上当，已被木鸟硌掉了两颗牙，只能捂着嘴巴呜呜叫。

心灵手巧的
小黑蛇

"是我听错了吗？"黑龙凯西与黄龙犹利游到地下河最深处的宫殿时，停住了脚步。

犹利也竖着耳朵听，刚开始，好像是风声，但仔细一听却是哭声。

它们穿过众多华丽的宫殿，最终在龙公主的仆人琳迪的小小陋室前停住脚步。

"准又是龙公主在欺负它。"凯西气愤地说，它轻轻推开石门，果然看到琳迪坐在床上抹眼泪。

小黑蛇琳迪慌乱地跳起来，擦掉眼泪。

"我们不是傲慢刁钻的龙公主，"犹利说，"不会欺负你。告诉我们，发生了什么？我们是不会溺爱妹妹的。"

琳迪低着头："这是我的工作，谁也救不了我。"

"说说看。"凯西尽量不让自己的大嗓门吓到琳迪。

"我织了一个漂亮的钱包，送给龙公主。"琳迪说，"它非常喜欢，要我织100个送给它的朋友。"

"是够多的。"凯西说，"但好像也并不是太难的事情。你可以慢慢织。"

"它不仅催得急，还出了个难题。"琳迪说，"让我马上说

出织100个钱包需要多少种丝线。它好去买足够多的丝线。"

"天哪，"犹利拍着脑袋，"这么多可不好算。"

"1个钱包，需要几种丝线呢？"凯西问。

"4种。"琳迪抹着眼泪，可怜极了。

龙兄弟虽然英勇，脑瓜也不笨，但不被逼急了，谁也不喜欢动脑筋。它们虽然想帮琳迪，却怎么也算不出100个钱包需要多少种丝线。

"给我点儿时间。"凯西说。

"我们一定能帮到你。"犹利说。

从此，龙兄弟吃不香，睡不着，无论干什么事都想着这个难

题。有一天，它们在巡河，看到青蛙丽莎、蔓达和吉利在吵架，就准备去劝架。

游近一听，原来根本不是在争吵，而是议论最近要给小青蛙买鞋子。

"它们同时出生，同时变成小青蛙，所以，不仅要吃同样的饭，盖同样的被子，还要穿同样的鞋子。"丽莎说，"一只红色的，一只绿色的。"

"我的小青蛙也要同样的鞋子。"蔓达说，"因为它们是好朋友。"

"我的也不例外。"吉莉说，"还要穿同样的衣服呢。"

黑龙凯西连忙喊："真的吗？一样的鞋子？那么，一共多少

只小青蛙？"

"我们记得清楚，一共34只。"三只青蛙一同喊。

"每只青蛙一只红色、一只绿色的鞋子，那么需要多少种颜色的鞋子呢？"凯西叫道。

"当然两种啊。"丽莎说，"因为它们只长着两只脚。"

"有啦。"黑龙一个下潜不见了。

黄龙连忙去追赶。

两个龙兄弟跑进水底宫殿，闯进忧伤的琳迪的小卧房。

"不要哭，不要哭。"黑龙说，"一共需要4种线。"

琳迪摇摇头："不会那么少。"

"可是，一个钱包4种线，要织100个一模一样的钱包，也就只需要这4种线啊。"凯西说。

琳迪恍然大悟，谢过龙兄弟，马上去见龙公主。难题就这样解决了。它心灵手又巧，很快便织出100个漂亮的钱包。为了感谢龙兄弟，它又另外织了两个一模一样的钱包，送给了好心的凯西与犹利。

森林宝石灯

人面蛾躺在床上，翻来覆去怎么也睡不着。

"飞蛾黛拉最喜欢五颜六色的东西，要是让城堡附近变得五彩斑斓，它一定会经常来这里做客。"人面蛾不由得自言自语起来。

"老兄，我听你唠叨几天几夜了，这不是不可能实现的事情。"大青虫探头探脑，推门爬了进来。

人面蛾飞到大青虫身边，它不相信大青虫居然比自己有主意。

"最近，猫城与猞猁城都安装了许多宝石灯。"大青虫说，"就连下下城的穿山甲们也在宝石山挖了许多宝石。"

"你是说？"人面蛾似乎想明白了。

"在森林里安装上宝石灯，"大青虫说，"灯光照得树叶要什么颜色，有什么颜色，黛拉一定会被迷住。"

人面蛾用翅膀拍着大青虫的肩膀："你的主意太棒了。"

两个家伙说行动就行动，它们没日没夜地在宝石山挖宝石，挖了整整一车五颜六色的宝石。

重返森林，人面蛾开始测量城堡附近的树林："通向黛拉家的路总共有150米。黛拉最喜欢整齐了，安装得乱七八糟，它一定会非常讨厌。但想要安装得整整齐齐，我们要怎么办呢？"

"当然要弄清楚，每隔多少米，我们安装一盏灯。"大青虫说。

　　人面蛾在树林里飞来飞去，按照宝石灯的亮度，它决定每隔15米安装一盏宝石灯："这样，树林里不仅全被灯光照耀，在每两盏灯之间的交界处，还可以产生朦胧与幽暗的效果。黛拉一定非常喜欢。"

　　"你真是我见过的最棒的设计师。"大青虫钦佩地说。

　　人面蛾与大青虫开始忙碌起来。可是，刚刚组装好几盏宝石灯，人面蛾又犯了难："150米的路段，我们要安装多少盏灯呢？如果弄不清楚，还是会安装得乱七八糟。"

　　大青虫在地上爬来爬去："是啊。每隔15米安一盏灯，一共150米那么长，这真是一笔难算的账。"

人面蛾没应声，盯着大青虫的尾巴转，并上前一把抱住了它。

大青虫吓一跳，人面蛾也跟着从半空摔倒在草丛里。但它不但没惊慌，没生气，反而高兴得笑起来："你以前告诉过我，你雄伟又强壮，身长10分米。爬100分米，也就是10次，就是一米。这样爬上150次，也就是一盏灯的距离了。照这样爬下去，一个上午，我们就能知道到飞蛾黛拉家，究竟要安多少盏灯。"

大青虫说干就干，一个上午忙不停。它干得真来劲儿，还不时吆喝人面蛾送吃又送喝。等到中午休息时，它早已测量出每隔15米安装一盏宝石灯，150米至少要安装10盏宝石灯。

"安10盏灯？"人面蛾高兴地叫道。

"不，"大青虫说，"还缺一盏宝石灯。"

人面蛾的眼睛转了转："你是说，你刚开始测量时，并没有算开头的第1盏？"

"人面蛾就是人面蛾，"大青虫羡慕地说，"关键时刻还要你出手。对，一共11盏。"

经过一个下午的忙碌，宝石灯安装好了。夜幕降临，森林里亮起如梦似幻的宝石灯，不仅很多昆虫来观看，还真的引来美丽的飞蛾黛拉小姐。

吃水果糖的老寿星

"到底是多少？"狐狸默默急得抓耳挠腮。

它躲到地下城里有十多天了，它不是来偷东西，也不是来做恶作剧，更不是流浪到这里。钻进地下城，完全是因为它强烈的好奇心。

默默对什么都好奇，比如老海盗王是否有脚臭，绿毛龟把蛋下到什么地方，猫城的午餐都吃些什么，猞猁死掉以后是否被放进棺材里……

8年前是多少岁？

老寿星今年68岁

8年后又是多少岁？

正是因为这个，它左打听，右问问，忽然听说地下城的下下城有只穿山甲老寿星。它活了不下几十岁，有可能是几百岁。

默默越想越好奇，最终忍不住溜进了戒备森严的下下城。

它假模假样挑着小货担，边把糖果卖给穿山甲，边打听这只老寿星。

"我今年有6岁。"穿山甲媚媚说，"你说的那是我爷爷的爷爷，它今年68岁。"

狐狸默默从来也没听说过穿山甲能活68岁。

它的脑袋还没有转过弯儿来，媚媚又说："你能算出8年前我爷爷的爷爷年龄是多少岁？8年后，它的年龄又是多少岁吗？"

为了这件事，狐狸默默打滚儿又蹿跳。它想得脑袋痛，就是

算不出8年前老穿山甲的年纪。

狐狸默默也想过要放弃，赶快逃出下下城，要不然，这么算来算去它准是要疯掉。可它的好奇心实在重，每次逃出去，又都悄悄溜回来。

"我还以为下下城在闹鬼。"刺猬布鲁终于逮着了狐狸默默，"原来是只狐狸在自言自语。"

"我爱吃鸡，但从不吃穿山甲与刺猬。"默默捂住了布鲁的嘴，把老寿星的秘密告诉了布鲁。

"这根本不是秘密。"布鲁哈哈一笑。

"那么，你知道8年前它多大？"默默说，"如果告诉我，这一货担的糖果全给你。"

布鲁东闻西嗅，一个跟头翻到糖果上："老爷爷今年有多大？"

"当然是68岁。"默默说。

"8年前的它，比现在少活了8岁。"布鲁说，"你说说是多少岁？"

"你是说，60岁的时候，是8年前？"默默不仅好奇还聪明。

布鲁哪顾得上回答，偷偷吃起水果糖。

"8年后，肯定是现在的岁数加上8了。"默默跳起来，"是76岁吗？"

它眨眨眼，气得毛都竖起来，原来布鲁早挑着糖果货担跑掉了。默默一路嗅，终于追赶上刺猬布鲁。令它没想到的是，布鲁不仅自己吃，还把糖果分给了一只老穿山甲。它正是眉毛白、牙口好的老寿星，正嘎嘣嘎嘣嚼着水果糖呢。

34只小"幽灵"

鼠老板科恩最近又动起歪脑筋，虽然虫虫游乐园的门票销量升了又升，它还是不满意。它准备在长满蕨类植物的游乐园黑森林中，安排上34个假扮的幽灵。

"到时候，只要幽灵大吼大叫，"科恩仿佛看到了数不清的钞票，"那些傻瓜游客们就会从口袋里掏出更多的金币。"

可是，这么多的"幽灵"到哪里寻找呢？

科恩想到了34只小青蛙。

青蛙丽莎、蔓达和吉莉接到这个邀请，都认为应该让小青蛙锻炼一下。最重要的是，由于门票太贵，它们的孩子们还从未去过游乐园。

小青蛙们进入游乐园，着实疯狂地玩儿了几天几夜。这让鼠老板科恩很是不满。它马上订购了幽灵衫，还特意为其中的一些"幽灵"缝制了更可怕的铠甲与武器。

令它没想到的是，制衣店的老板把衣服交给它之后，就去远方参加女儿的婚礼了。

"真该死。"科恩气得直跳，尾巴像鞭子一样抽打，"早知道，就不该那么早付给它缝衣费。要知道，谁穿什么衣服，是它安排好，并量身制作的。"

“让它们试试就知道了。”蜈蚣贝亚说。

科恩叫来34只小青蛙。它们年纪小，纪律差，胡乱地试衣服。不是2只青蛙同穿一条裤子，就是1只青蛙套上三件衣服。

鼠老板气得直跺脚，要它们马上停止打闹。

蛐蛐邦妮从衣服里发现一张字条，念道："小青蛙蓝皮所站的位置是从左边数第13个，小青蛙比利所站的位置是从右边数第10个。它们穿的全是普通的幽灵衫。其他站在中间的，就全都穿铠甲拿武器了。"

鼠老板命令小青蛙："全都列队站好。"

小青蛙跳到一起，混乱不堪，好不容易站好，中间的几个却

34-10=24

24-13=11

穿不上铠甲。

科恩吓得直大叫，生怕它们把衣服撑坏，它看向员工："谁能解决这个难题，我多给它2个金币。"

贝亚与邦妮交头接耳。

小青蛙们乱作一团，根本数不清。

只有蝗虫鲍勃一直在思考，它想到，2个金币足够妈妈的买药钱。它跳到科恩面前："34只小青蛙，减去蓝皮和它左边的13只，再减去比利和它右边的10只。中间剩下的，就是要穿铠甲的了。"

贝亚与邦妮拍手叫好。

"34减去10等于24。"贝亚说。

"24再减去13，等于11。"邦妮说。

"可惜了那2个金币。"科恩心疼得叹着气，"没错，正好11只。"

它想赖账，可是全体员工都听到了，想赖都赖不掉。这时候，外出购物的青蛙姐妹们回来了，它们组织小青蛙排队，它们乖乖听话，马上排出一字队。科恩按照顺序，先发了普通的衣服，又把铠甲幽灵衣发给中间的11个。

没想到，就这样顺利地解决了难题。虫虫游乐园自从有了大吼大叫、乱蹦乱跳的"幽灵"，门票卖得更多了。鼠老板科恩常常躲到办公室里数金币。

小猫咪吃蛋糕

"瞧，它们又在哭。"母猫伊薇也哭起来，"整天又吵又闹，让我连觉也无法睡。"

伊薇最近生了3只小公猫，它却怎么也高兴不起来。它们精力很旺盛，除了乱抓乱咬，好像从来也不睡觉。更可气的是，它们吃什么都要自己的最大，做什么事情都要争第一。

美娜却很喜欢这些小宝贝："妈妈说过，孩子不会平白无故就哭的。"

"你倒是想一个好办法。"伊薇不服气。

"我用了10分钟。"小猫伊莱叫得很伤心，"我最快，可妈妈就是不把最大的蛋糕给我。喵呜……"

"我用了15分钟。"小猫伦卡说，"瞧瞧，数我最大了。大蛋糕该给我吃。"

"全不对。"小猫约普抢着爪子叫，"我用了12分钟。我第一，给我吃。"

原来，3只小猫在比赛爬城墙，谁第一个爬上去，又返回到妈妈身边，谁就可以吃到最大的蛋糕。可它们回来时，小母猫伊薇早就累得睡着了，根本没看到

伊薇摇头又晃脑："你听听，它们能把城墙给吼塌了。"

"我想，这3个小宝贝，谁最先到达，心里比谁都清楚。"美娜说，"它们只是想争最大的蛋糕。"

3只小猫不说话，全都看向为它们计时的老猫洛克。

洛克老得没了牙，连自己都不记得自己有多少岁，时常糊涂得找不到家门。可它的眼睛却不花。要说它能看准时间，谁都信，可要说它能分清好坏，这所有猫都不相信了。

洛克摇着头，继续哼着古老的民谣。

"要我说，伦卡是第一。"伊薇说，"可是我要把蛋糕给它，伊莱说它就要离家出走。"

"伊莱做得并没有错。"美娜说，"时间长，就代表慢。时间短，才代表快。3只小猫，谁的数最大，谁也就最慢了。"

美娜为了让3只小猫改掉撒谎的坏毛病，特意要它们去找来3根小木棒。

"现在，我们来做个游戏。"美娜在地上画了一只钟，并标上刻度。

　　它把伦卡的木棒剪成2段，让它用两手分别按在1至15分钟的刻度上，又要约普用木棒按住1至12分钟的刻度上，最后让伊莱按在1至10分钟的刻度上。

　　"现在，你们说说，谁的时间最长？"美娜说。

　　"我的时间最长。"伦卡说。

　　"时间长代表速度慢。"美娜看向伦卡。

　　伦卡低下头。

　　"谁的时间最短？"美娜问。

伦卡用了15分钟

约普用了12分钟

伊莱用了10分钟

"我的。"伊莱兴奋得直跳，"时间最短代表速度最快。"

"现在，事情解决了。"美娜看向3个小宝贝，"现在，我替你们的妈妈重新分蛋糕。谁最诚实，才吃最大的。"

伊薇吓得直嚎叫，它认为美娜把事情搞砸了。它无法再睡个安稳觉。

令它没想到的是，美娜去储藏库拿了3只同样大的蛋糕，分别送给3个小宝贝。它们知道诚实最宝贵，全改掉了撒谎的坏毛病。伊薇也不再是个没有主意、只知啼哭的妈妈了。它找到了教育小猫的诀窍。

鼠大盗的幸福

大盗飞天鼠可是个小迷信。每次飞檐走壁去偷东西前，必定先卜一卦。森林与地下城里大大小小的巫师，没有它没拜访过的。它不仅穿衣服注重颜色，屋子里每一件家具都摆在巫师指定的地方，甚至连走路先迈左脚右脚，也都计算一下。

这一天，听说海外归来的老海盗王居然是一个占卜高手，它带着满满一袋金币前去拜访。

豚鼠老海盗王声望高，众多的海盗围绕着它，有的摇扇子，有的递茶水，大盗飞天鼠看出它不一般来。

飞天鼠连忙将金币送给老海盗王。

"幸福的生活从来都靠自己来争取。"老海盗王一脸神秘，双手一摇，现出5张纸牌。

第一张纸牌的正面画着一张大赌桌。背面是数字4。

第二张纸牌的正面是一个衣着华丽的小丑，背着一袋偷来的珠宝。背面是数字8。

第三张纸牌的正面画着在烈日下划船的老鼠，累得满头大汗。背面是数字9。

第四张纸牌的正面站着一脸凶恶的豚鼠海盗，手挥一把大刀。背面是数字5。

第五张纸牌的正面画着辛勤劳动的送货员，正抱着货物东奔西走，它前面不仅有城堡，还有美丽的树林。背面的数字是6。

老海盗王把纸牌的正面摆在桌子上："这里面，你最想当哪一个？"

大盗飞天鼠舔着上嘴唇："每天都待在赌桌上，这是美好的生活。"

"它的背面是数字4，代表死亡。"老海盗说，"世界上没有免费的游乐场。"

飞天鼠吓得一哆嗦，又看其余4张纸牌："不然，就选我的老本行，那个衣着华丽的小丑的日子够轻闲。"

"别看是数字8，它分解了就是两个0。"老海盗摇摇头，"你很可能被投进监牢里，到时一无所有。"

飞天鼠出了一身冷汗，不敢去看其他3张牌："两个都不行，难道你要我去当一个送货员？不干，不干。"

　　"别看每天风里来，雨里去，那才是最美好的生活。"老海盗王开口说，"既然你看不出其中的奥妙。我就提醒你。"

　　它把牌全翻到数字的一面："4、8、9、5、6，这5个数字，去掉其中3个数字，要使剩下的2个数字，当然，先后顺序不能改变——组成的两位数是最大的。如果你选择对了，那么，通向未来将是最美好的生活。"

　　大盗飞天鼠看看4，摇摇头："我不想死。"它看看8，"我可不想失去房子，被关进监狱里。"

　　飞天鼠看后面的3个数字，它记得数字5的正面是手提大刀的海盗，它想想就害怕，认为选了那张准没有好结果。

再说，飞天鼠虽然喜欢偷东西，却从不伤害谁。

它伸手抽了一张9，又无奈地选了张6："看来，只有这两张是好牌。就选9和6。"

"有勇气的小伙子。"老海盗王哈哈大笑，"你选对了，在这5个数字中，如果只选2个，又不改变先后顺序，是它们组成的两位数最大。"

飞天鼠抹了一把额头的冷汗。

"而看正面，"老海盗王说，"别看送货员不停地忙，又是划船，又是送货。可是，它通过自己的努力，得到了城堡和森林。这才是最幸福的生活。幸运的小伙子，恭喜你，幸运永远属于你。"

老海盗王看向其他海盗："你们总是问我，自己的未来会怎样，瞧见了吗？这也是给你们上的重要的一课。辛勤的劳动，才会结出最丰硕的果实。"

大盗飞天鼠与海盗们点点头，都觉得老海盗王的游历没有白付出，它说的话真是有道理。

巧埋金蟾符

"你跑来跑去，跑得我心烦意乱。"蛤蟆老兄去金蟾家做客，金蟾坐立不安，弄得它晕头转向，连饭也吃不进去。

金蟾按住蛤蟆老兄的嘴："我请你来，不光是为了吃饭。"

蛤蟆老兄扔掉叉子："如果不让我吃东西，轿子抬我都不来。你生性孤僻，几天都不说一句话。"

兄弟俩吵了几句，金蟾表哥说出了心中的秘密："最近眼镜蛇总找我麻烦。它总是能想到各种办法，钻到我的屋子里来。一

张嘴就要说一整天，吵得我饭吃不进去，水喝不下去，连睡觉都梦到它唠叨。"

蛤蟆老兄可知道眼镜蛇的厉害，它一向喜欢说东道西，没有它不感兴趣的话题。而且，还总是重复一件事情说个不停。不管它路过谁家的门口，这家主人不是装作不在家，就是装病谎称自己马上就要睡着了，没工夫听它闲说话。

"所以，我特意去请教蚰蜒爷爷，它给我画了一张关门谢客符。"金蟾说，"只要把它们按照顺序排好，埋进大门口的泥土里，不管眼镜蛇什么时候来拜访，都看不到我在家。"

"你是说，把你隐身了？"蛤蟆老兄觉得真新鲜。

"当然。"金蟾得意地说，随即苦闷地低下头："可是，我拿着蚰蜒爷爷给我排列好的符到院子里，不料被风一吹，吹散了。等到捡回来，它们早已乱了套。"

它把蛤蟆老兄领到密室，让它看排列在桌上的符。

"只剩这几张没被吹散。"金蟾说，"可我却怎么也无法记起其他的怎么排列了。一共有30张。"

"去找蚰蜒爷爷。"蛤蟆老兄说。

"来不及了。"金蟾慌乱地说，"再过几分钟，眼镜蛇就要来了。我闻到了它身上的腥臭气。"

兄弟俩对着符左看看右研究。

"一共6张白，4张黑。"蛤蟆老兄自认为很聪明。

"我也知道，"金蟾说，"可你告诉我怎么排。"

正说着，眼镜蛇驾到了。它钻进门内，想为兄弟俩排忧解难："这不难，你们瞧，2个白，1个黑，1个白，1个黑。而下一轮，又是这样。我想，就是延长到整个地下城那样长，也是这样。这叫规律。"

兄弟俩灵光一闪，都觉得它说得对极了。

"那你就告诉我，第30个金蟾是什么颜色的？"金蟾问。

眼镜蛇可不知道这是可以让金蟾隐身的符，要不然，它也就不会冒傻气了："依我看，按照这个规律排下去，5个金蟾为一个

周期，6个周期就是30个金蟾。而第30个金蟾正是第6个周期的最后一个。每一个周期的颜色全是一样的。单看第一个周期的末尾就可以了，是黑颜色的。"

　　金蟾与蛤蟆兄弟两个都害怕眼镜蛇接下来又要夸夸其谈，它们一边儿好茶好水地招待，一边儿偷偷去埋符。眼镜蛇喝完茶，四处寻找金蟾兄弟俩，而兄弟俩正隐身坐在它身边，看它慌乱又毛躁地大喊大叫呢。

1. 20千克苹果与30千克梨共计165元，2千克苹果的价钱与2.5千克梨的价钱相等。求苹果和梨的单价。

2. 4个小朋友同时削4支铅笔需要4分钟，照这样的速度，7个小朋友同时削7支铅笔需要几分钟？

3. 6点放学，雨还在不停地下，林林对小丽说："已经连续两天下雨了，你说再过30小时太阳会出来吗？"你知道答案吗？

4. 红光小学举行英语竞赛，同学们对班里英语学得好的四名学生的成绩作了如下估计：

（1）丙得第一，乙得第二（2）丙得第二，丁得第三。

（3）甲得第二，丁得第四。

比赛结果一公布，果然是这四名学生获得前4名。但以上三种估计，每一种只对了一半，错了一半。请问他们各得第几名？

5. 阅览室里10台吊扇全部开着，关掉5台，阅览室里还有多少台吊扇？

6. △、◎、○分别代表三个不同的数，并且：

$\triangle + \triangle + \triangle = \bigcirc + \bigcirc$ ；　$\bigcirc + \bigcirc + \bigcirc + \bigcirc = \circledcirc + \circledcirc + \circledcirc$ ；

$\triangle + \bigcirc + \bigcirc + \circledcirc = 60$　求：$\triangle = ($　　$)$　$\circledcirc = ($　　$)$　$\bigcirc = ($　　$)$

7. 找出下面数列的规律，并根据规律在括号里填出适当的数

（1）　　6，1，8，3，10，5，12，7，（　），（　）

（2）　　0，1，1，2，3，5，8，（　），（　）

8. 下面数列的每一项由3个数组成数组表示，它们依次是：

（1，5，9），（2，10，18），（3，15，27）……问第50个

数组内三个数的和是多少？

9. 把数字1，3，4，5，6分别填在右图中三角形3

条边上的5个○内，使每条边上3个○内数和等于9。

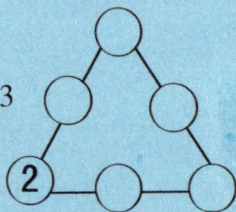

10. 古代一个国家，1头猪可换3只羊，1头牛可换10头猪。

1头牛可换（　）只羊，　90只羊可换（　）头牛。

11. 一条公路长600米，在路的两边每隔20米栽1棵树，起点和

终点是站牌，不用栽树。一共栽多少棵树？

12. 如下图，8个小朋友围成一圈做传球游戏，从①号开始，

按照箭头方向向下一个人传球。在传球的同时按自然数数列报数。

当报到46时，球在几号小朋友手上？

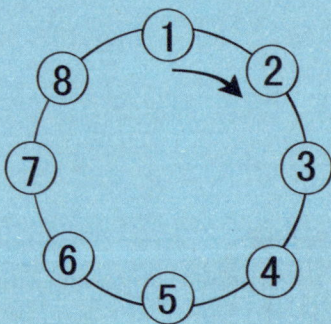